Dissesti e quadri fessurativi di fabbricati in muratura

I0462016

A cura di Anna e Angelo Spizuoco

Ingegneria Civile e Ambientale – Italia

Angelo Spizuoco

Anna Spizuoco

Dissesti e quadri fessurativi di fabbricati in muratura

III edizione: Ottobre 2019

2

Nulla avviene per caso !!!

Al mio padrino, prof. Ing. Aldo De Marco, papà di tre generazioni di ingegneri ed esempio per tutti noi !!!

E' consentito riprodurre parte del presente volume, per motivi accademici, in altre pubblicazioni o in documenti relativi ad attività professionali, in misura massima del 20% purché se ne citi la fonte.

Sommario

4

1.1 ANALISI DEI DISSESTI NELLE STRUTTURE MURARIE

Ciascun edificio in muratura è stato progettato e dimensionato in modo tale da poter assolvere, entro i limiti di sicurezza, ai carichi ad esso affidato, rispettando le resistenze caratteristiche dei materiali che lo costituiscono. Tuttavia, durante la vita utile di un edificio, diverse cause possono indurre delle alterazioni nel regime d'equilibrio del complesso richiedendogli nuove configurazioni che si traducono in una nuova distribuzione delle tensioni che non sempre sono rispettose dei limiti del materiale. Quando i limiti dei materiali vengono superati, si determinano dei dissesti statici nella massa muraria, che si manifestano sotto forma di lesioni. In effetti, queste possono essere la traduzione fisica della liberazione di stati tensionali presenti nella struttura. In questo capitolo si vogliono fornire quei fondamentali cenni teorici sull'analisi del dissesto, le principali cause e le manifestazioni visive di tale problematica.

1.1.1 Le cause dei dissesti: i dissesti statici

A partire da una causa perturbatrice, identificabile come in tutte quelle avverse vicende che comportano una minaccia per la buona conservazione degli edifici, si genera come diretta conseguenza un dissesto che si manifesta sotto forma di lesione. Esiste una corrispondenza biunivoca tra dissesti e lesioni: ovvero a ciascuna lesione corrisponde un certo tipo di dissesto. Non si può dire altrettanto per la relazione tra dissesti e cause perturbatrici. Va detto, infatti, che ciascun dissesto ne può causare un altro diverso e quest'ultimo potrebbe manifestarsi con un'evidenza maggiore del primo che ne è stata la causa. Così, ad esempio, uno schiacciamento può innescare un dissesto per effetto dell'azione spingente di una volta, dissesto che non si sarebbe generato senza la presenza dello schiacciamento. Dunque, i dissesti spesso non sono una diretta conseguenza di una causa unica e determinata, ma di un insieme di cause che intervengono nelle loro combinazioni più varie. Per adottare i rimedi più idonei è necessario, perciò, individuare il fenomeno principale che ha prodotto la patologia in atto.

Tra le principali cause perturbatrici si annoverano:

- Eccessiva compressibilità del terreno fondale;
- Lo schiacciamento delle regioni murarie basali;
- Lavori di sterro nelle vicinanze;
- Depressioni di archi o di travate;
- La sopraelevazione di edifici col conseguente aumento dei carichi;
- Strutture spingenti;
- La fluidificazione del suolo dovuto a infiltrazioni;
- Frane;
- Alluvioni;
- Colate detritiche;
- Azione sismica.

1.1.2 Lesioni dovute ad alluvioni e frane.

Gli effetti sulle strutture, dovuti a frane, colate detritiche ed eventi alluvionali sono, al pari degli effetti dovuti al sisma, tra quelli più disastrosi. Va subito detto che la vastità delle casistiche e la complessità del tema meritano una trattazione a se stante, per cui di seguito dopo qualche informazione generale non di secondaria importanza, si riporterà una documentazione fotografica, al solito proveniente dall'archivio professionale degli scriventi, finalizzata alla sensibilizzazione dell'argomento. Per far rendere conto, poi, ai lettori della complessità generale, che si presenta ancor prima di studiare l'aspetto locale del dissesto dei singoli edifici, si riporta un caso pratico concreto dell'alluvione di Messina del 2009, trattato dallo scrivente e dal prof. Franco Ortolani.

Resta evidente che, qualora il fenomeno franoso o alluvionale colpisca marginalmente l'edificio, si potrà valutare il conseguente quadro fessurativo e i dissesti, e di conseguenza intervenire; in caso contrario, ovvero quando l'edificio è pienamente interessato dal cataclisma, gli effetti saranno gravi al punto da causare direttamente il collasso senza lasciare margini di intervento.

1.1.2.1 Analisi del fenomeno

E' da premettere che in presenza di piano di posa delle fondazioni o strati sottostanti dotati di una certa coesione, si verificano fenomeni diversificati a seconda della variazione del grado di umidità di tali "terre". In linea generale, la coesione cresce con il giusto grado di umidità mentre diminuisce per un inaridimento o per saturazione d'acqua.

Si verificano, infatti, scoscendimenti per:

- Terre eccessivamente essiccate al sole;
- Smottamenti a seguito saturazione d'acqua;
- Grandi crepe a causa dell'effetto del gelo.

Gli edifici soggetti a grandi movimenti per la presenza di piani di scorrimento basale, hanno usualmente, alcune caratteristiche comuni:

- Il piano di scorrimento è al disotto del piano d'imposta delle fondazioni;
- Il piano di scorrimento è assimilabile ad un "lubrificante";
- Il piano di scorrimento ha sempre una certa inclinazione.

Si capisce, perciò, per quale motivo tali grandi movimenti avvengono per la presenza di stratificazioni argillosi-acquiferi, anche se lentiformi, specialmente se hanno un andamento da monte a valle (ad es. **frana di Senise**).

Frana di Senise

Caratteristiche del Corpo di Frana

• Corpo di frana prevalentemente sabbioso, stratificato e fratturato dello spessore medio di circa 12.00 metri.

• Ammasso interessato da superficie di scorrimento basale coincidente con un sottile livello argilloso, inclinato a franapoggio di circa 17° intercalato in una sequenza sabbiosa.

Lo spostamento totale è stato notevole 63 metri (45+18) nella parte alta, 46 metri (30+16) nella zona mediana e 30 metri (19+11) nella parte bassa.

Contrariamente a quanto si possa pensare, le frane avvengono facilmente nella stagione estiva anziché d'inverno

MOVIMENTI TRASLATIVI della frana

due principali fasi traslative di tipo rapido:

• La prima alle 4.00 del mattino del 26/7/1986 con traslazione massima di 45.00 metri;

• La seconda alle 2.00 del mattino del 6/9/1986 con traslazione max di 18.00 metri.

Questo perché nella parte alta di terreni argillosi, in estate si registrano fratture e crepacci che lasciano passare calore che s'irradia negli strati contigui.

Ciò fa sì che il terreno resta diviso in due zone:

- Quello superiore asciutto e fratturato;
- Quello inferiore che si comporta come un lubrificate, untuoso, a vocazione liquefacibile, nella migliore delle ipotesi, a comportamento plastico.

In queste condizioni, il fabbricato sovrastante, tende ad assestarsi facendo registrare una compressione contro lo strato "lubrificato" che se inclinato produce un trascinamento verso valle del fabbricato interessato.

Classificazione Movimento Franoso

Scorrimento traslazionale in blocco lungo piano di scorrimento predisposto.

Frana di Senise (PZ): scarpata principale della frana lato sud-occidentale

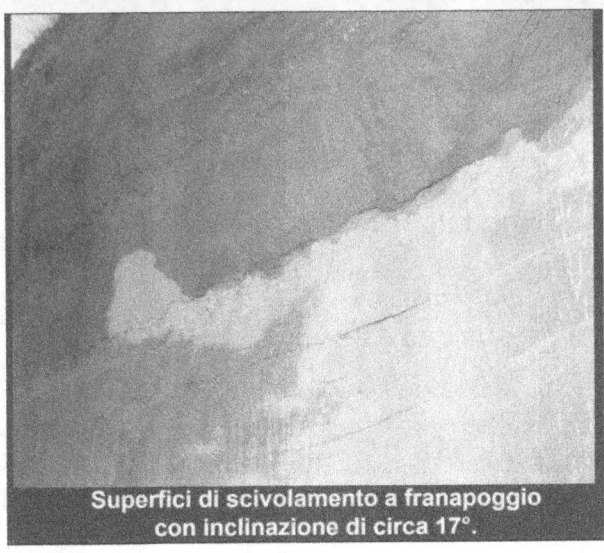

Superfici di scivolamento a franapoggio con inclinazione di circa 17°.

15

Zona al piede di frana (27/7/1986): da notare la diversa inclinazione dei due corpi di fabbrica edificio n°8

Progetto definitivo

- Opere di stabilizzazione in c.a. costituite da diaframmi di pali accostati tirantati in testa;
- Opere di drenaggio profonde e superficiali;
- Sistemazione idraulica superficiale estesa a tutta l'area in frana;
- Pozzo drenante posto a valle della zona di piede della frana;
- Inerbimento dell'intera area oggetto del dissesto.

Progetto di Stabilizzazione Definitiva Frana di Senise (PZ)

1.1.2.2 Lesioni per scorrimento

Le lesioni che si producono per le ragioni di cui innanzi, sono associate al movimento simultaneo di cedimento e rotazione.

Queste lesioni, nei fabbricati, si manifestano in estate e si rinchiudono d'inverno.

In questi casi, <u>quando è possibile intervenire</u>, dopo aver eseguito una opportuna puntellatura, **per fenomeni di limitata entità**, si può realizzare un drenaggio di tipo profondo al fine di "prosciugare" e "stabilizzare" il terreno interagente con le fondazioni del fabbricato interessato giacché i drenaggi tendendo ad espellere le acque sotterrane e aumentano la coesione nonché l'attrito dello strato interessato.

Un drenaggio finalizzato a quanto innanzi, va eseguito a monte del fabbricato per proteggerlo dalle acque d'infiltrazione eliminando l'innesco lubrificante e quindi stabilizzando il manufatto.

Per fabbricati fondati nei pressi di un declivio, per il quale non è stato posto in atto alcun provvedimento di protezione, possono comunque presentarsi lesioni da frane o smottamenti. In tale evenienza gli interventi da eseguire possono essere: l'immediato puntellamento, l'imbrigliamento del terreno in movimento mediante pali, drenaggi ed eventualmente il rafforzamento delle fondazioni danneggiate.

1.2.2.2.0 Dissesti su fabbricati in area di frana a San Fratello (ME)

A San Fratello dal dopoguerra in poi si è costruito su di una frana. I versanti, già in passato avevano evidenziati dissesti tipici di morfologie potenzialmente instabili. Purtroppo **l'urbanizzazione** del periodo post-bellico <u>**si è sviluppata in parte su aree che presentavano evidenti segni di precaria instabilità**</u>. Anche la parte settentrionale del versante orientale dove è stata edificata la chiesa rappresentava un terrazzo di frana di antichi movimenti franosi dove non andava assolutamente costruito. <u>La morfologia sub pianeggiante di tale area</u> deve aver indotto i rappresentanti delle istituzioni (**evidentemente senza un idoneo supporto geologico-geotecnico**) a urbanizzare il versante. Altri elementi significativi emersi nel sopralluogo effettuato sono stati:

- Assenza di adeguate opere di consolidamento;
- Assenza di drenaggio;

- Raccolta e smaltimento di acque superficiali e sotterranee lungo il versante attualmente interessato dai movimenti franosi.

Nel pomeriggio del 13 febbraio 2010 si è innescata una frana in contrada Riana con un movimento di tipo retrogressivo.

Esso è progredito verso monte, coinvolgendo nella giornata del 14 febbraio la porzione orientale del centro abitato.

In particolare sono state interessate le contrade di San Benedetto, e Stazzone lesionando la chiesa di San Nicola e numerosi edifici.

San Fratello (MA): All'interno di un fabbricato direttamente coinvolto nella frana – A. Spizuoco 2010

19

Fabbricati in area di frana a San Fratello (Me)-A. Spizuoco 2010

Fabbricati in area di frana a San Fratello (Me)-A. Spizuoco 2010

San Fratello: Chiesa di San Nicola edificata su un antico terrazzo di frana. E' da notare una vistosa lesione subverticale sulla facciata della chiesa. - A. Spizuoco 2010

Fabbricato dissestato in area di frana a San Fratello (Me)
A.   Spizuoco 2010

Fabbricato tranciato in due tronchi nell'area di frana –
San Fratello (ME) - A. Spizuoco 2010

San Fratello (ME): Fratture sulla parete di un fabbricato e a terra per effetto del fenomeno franoso – A. Spizuoco 2010

Alluvione comune di Quindici (AV) -1998

Alluvione comune di Quindici (AV) -1998

Alluvione comune di Quindici (AV) 1998

Alluvione di Sarno (NA) -1998

Alluvione di Sarno (NA) – 1998

1.2.2.2.1 Breve nota sull'alluvione di Sarno (NA) – 1998

Una breve nota merita l'alluvione di Sarno del 5 maggio 1998.

Gli eventi franosi che si verificarono inaspettatamente a Sarno dopo le 19,30 circa del 5 maggio 1998 furono di straordinaria "potenza" e sorpresero impreparati gli studiosi delle frane e le Istituzioni pubbliche.

Questo evento ha rappresentato un tragico spartiacque, universalmente riconosciuto: circa i

26

fenomeni idrogeologici catastrofici si parla di prima di Sarno 98 e dopo Sarno 98.

Occorre uno sforzo per isolare tutto quanto è disceso da Sarno 98 e che oggi rappresenta un patrimonio di conoscenze scientifiche, di organizzazione di Protezione Civile e di difesa del territorio: <u>prima del maggio 1998 non esisteva questo patrimonio.</u>

Nessun scienziato prima del maggio 1998 aveva compreso che si potessero verificare eventi catastrofici in situazioni morfologiche come quelle di Sarno, caratterizzate da un insediamento urbano ubicato a varie centinaia di metri dalla base dei versanti e in assenza di valli profonde (come quella del Torrente Bonea a Vietri sul Mare) lungo le quali si potessero incanalare i flussi fangoso-detritici.

L'organizzazione della Protezione Civile Comunale era correlata alla preparazione della Protezione Civile provinciale e regionale che non aveva assolutamente la struttura per prevedere e

27

fronteggiare eventi catastrofici come quelli del maggio 98 e di intervenire in tempo reale nei territori eventualmente devastati.

Soltanto Dopo il maggio 1998 le conoscenze scientifiche e l'organizzazione di protezione civile si sono trasformate, dando origine ad una struttura efficiente ed organizzata di cui attualmente dispone anche l'abitato di Sarno.

E' indubbiamente faticoso riconoscere l'inefficienza e l'impreparazione della struttura di Protezione Civile a tutti i livelli all'epoca dell'evento di cui trattasi ed in particolare, per i ricercatori e gli uomini di scienza, è duro ammettere che nel maggio 1998 non vi fosse una organizzazione ed una conoscenza del fenomeno in grado di tutelare l'incolumità dei cittadini.

Può venire spontaneo, come autodifesa dei ricercatori e degli uomini di scienza, attribuire al sindaco dell'epoca una "capacità" di capire ed agire che non poteva avere.

1.2.2.2.2 Caratterizzazione del fenomeno: colate rapide di fango

Successivamente tutti gli esperti hanno riconosciuto che quelli del 5 maggio 1998 sono stati fenomeni idrogeologici tipo colate rapide di fango di potenza eccezionale mai verificatisi prima a Sarno e in Campania lungo versanti e zone pedemontane simili a quelle su cui si trovano la parte occidentale e quella orientale di Sarno.

A partire dalle ore 16 circa del cinque maggio 1998 la parte occidentale ed orientale dell'abitato di Sarno sono state interessate da una serie di eventi idrogeologici che hanno determinato vari danni ai manufatti e numerose vittime.

E' un elemento certo che l'evento ha colto impreparati gli scienziati (geologi e ingegneri) in quanto mai si erano verificati fenomeni tanto distruttivi alla base dei versanti e fino a distanze superiori ai 1000 metri.

Anche le Istituzioni si sono rivelate impreparate in quanto le conoscenze scientifiche non erano state in grado di individuare un pericolo idrogeologico come le colate rapide di fango; si ricorda che nel 1998 non erano ancora state istituite le autorità di bacino regionali e che conseguentemente non esisteva alcun piano dell'assetto idrogeologico regionale.

Non esisteva alcun piano di protezione civile basato su conoscenze scientifiche.

Si ricorda, infatti che fino al 5 maggio 1998 Sarno non era ufficialmente inclusa tra gli abitati a rischio frana.

Si fa presente che a partire dalle ore 16 circa del 5 maggio 1998 si verificarono una serie di fenomeni mai verificatisi prima a Sarno e in realtà morfologiche e geoambientali simili a quelle di Sarno presenti in Campania.

Dopo il 5 maggio 1998 i vari fenomeni idrogeologici furono studiati da gruppi multidisciplinari che consentirono di acquisire dati di importanza strategica per mettere a punto sistemi di difesa della popolazione basati su osservazioni delle precipitazioni piovose e sulla individuazione delle aree che possono essere interessate da fenomeni di colata rapida su carte dettagliate. Sono stati messi a punto piani di evacuazione preventiva della popolazione quando le registrazioni pluviometriche raggiungono valori elevati. Inoltre sono state realizzate varie opere di difesa passiva dell'abitato.

Si ricorda che il pomeriggio del 5 maggio 1998 non solo Sarno non era considerata area a rischio idrogeologico ma non esisteva tutto il sistema moderno di protezione civile che è scaturito proprio dal disastro avvenuto il 5 maggio 1998.

**Colata detritica di Scaletta Zanclea (Messina)
ottobre 2009**

**Colata detritica di Scaletta Zanclea (Messina).
A. Spizuoco 2009**

1.1.2.2.3 Alluvione del Messinese del primo ottobre 2009: La colata fangoso-detritica del Torrente Racinazzo che ha devastato Scaletta Zanclea Marina (ME)

1.1.2.2.3.1 Premessa

Intorno alle 19,45 del 1 ottobre 2009 l'abitato di Scaletta Zanclea Marina, ubicato nell'area "epicentrale" degli effetti al suolo provocati dall'evento piovoso del 1 ottobre 2009 (figura1), è stato improvvisamente investito da una potente e distruttiva colata fangoso-detritica evolutasi nella valle del Torrente Racinazzo (figura 2).

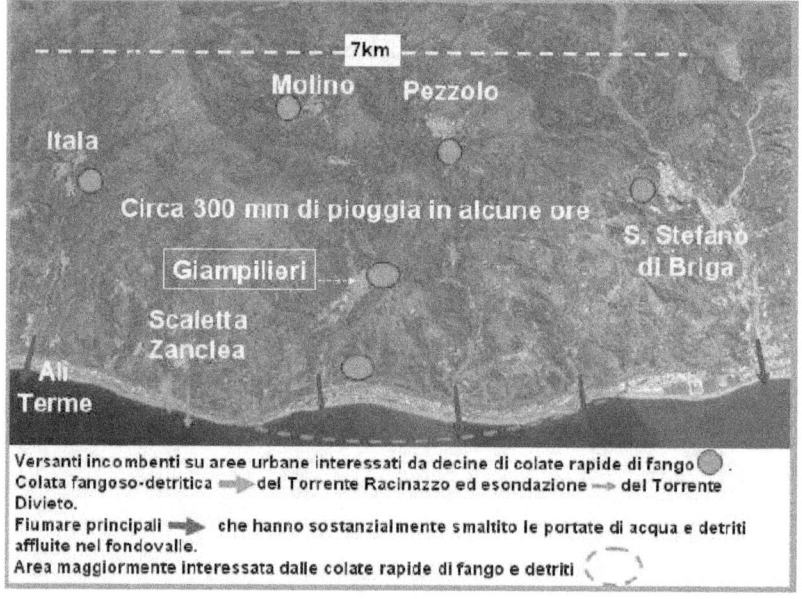

Figura 1: Area "epicentrale" degli effetti al suolo causati dall'evento piovoso del 1 ottobre 2009. Nessun pluviografo ufficiale era installato nell'area (l'associazione meteoweb

riporta 300mm di pioggia in 3 ore mentre le fonti ufficiali del SIAS 170 mm di pioggia in 3 ore).

Il torrente drena un piccolo bacino imbrifero di circa 150 ettari caratterizzato da ripidi versanti impostati prevalentemente su rocce metamorfiche ricoperte da suolo e da una coltre di alterazione di spessore variabile da qualche decimetro ad alcuni metri. Il fondovalle è privo di pianura alluvionale e l'alveo torrentizio è profondamente incassato nelle rocce del substrato e caratterizzato da una pendenza variabile da oltre il 40% a circa il 10%.

In base agli effetti sui manufatti e al considerevole volume e spessore (fino a 3 metri) di detriti (inglobanti molti tronchi d'albero d'alto fusto) accumulati nell'abitato, è stato subito evidenziato che esso non può essere stato devastato da una piena idrica del torrente ma da una colata rapida fangoso-detritica inglobante moltissimi massi di roccia di dimensioni variabili da qualche decimetro cubo a molti metri cubi.

La portata massima del veloce flusso che ha investito l'abitato di Scaletta Zanclea Marina è stata stimata di centinaia di mc/secondo, di gran lunga superiore a quella di una portata di piena idrica che può essere alimentata dal piccolo bacino imbrifero (Ortolani, 10 ottobre 2009).

Dal momento che la corretta comprensione del fenomeno che ha devastato l'abitato e provocato numerose vittime, ha un'importanza strategica per l'individuazione degli interventi che possano garantire la sicurezza dei cittadini, sono stati effettuati rilievi geoambientali diretti che consentono di testimoniare che l'evento disastroso è da individuare, inequivocabilmente, in una colata fangoso-detritica di enorme potenza.

Continuare a ritenere che il disastro sia stato provocato da una piena idrica porterebbe ad eseguire interventi di sistemazione idraulica non adeguati che non metterebbero in sicurezza l'area da eventuali eventi futuri di simile potenza.

L'abitato di Scaletta Zanclea Marina è già stato interessato da fenomeni simili nell'ottobre 2007 quando, sia il Torrente Racinazzo che il Torrente Divieto, provocarono seri danni accumulando considerevoli volumi di detriti nelle vie cittadine e danneggiando autoveicoli e abitazioni. Numerose colate di fango si innescarono lungo i versanti ripidi.

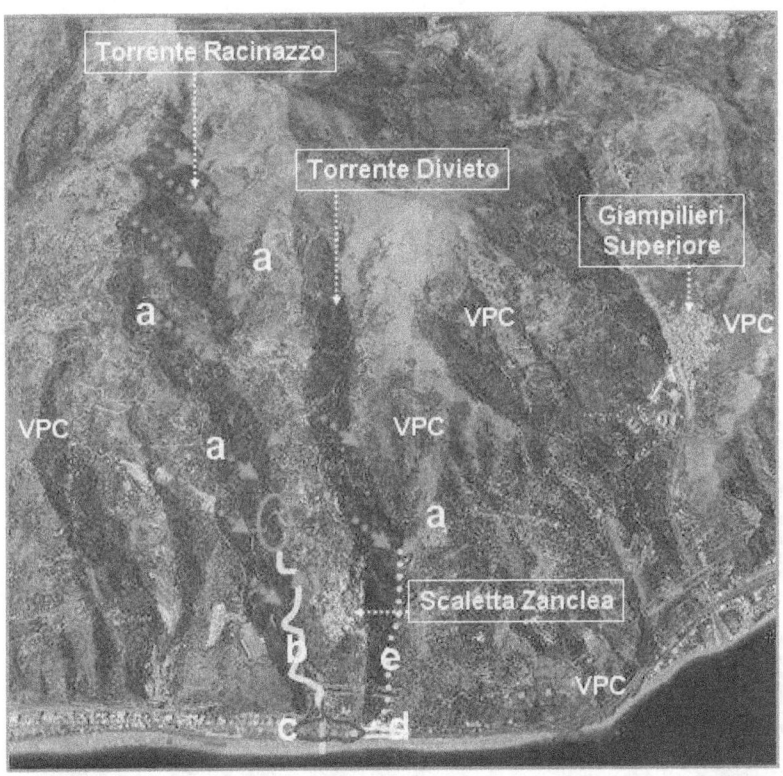

Figura 2: Ubicazione dell'alveo del T. Racinazzo percorso dalla colata di fango e detriti. a= colate di fango che hanno denudato i versanti accumulando i detriti sul fondo valle; b= parte bassa meandriforme dell'alveo percorsa dalla colata fangoso-detritica; c= area interessata dal transito e accumulo dei detriti della colata incanalatasi nel T. Racinazzo; d= area

interessata dal transito e accumulo dei detriti trasportati dal T. Divieto; e= alveo del T. Divieto percorso dalla piena idrica; VPC= versanti percorsi dal fuoco durante il 2006, anno di rilevamento della foto aerea tratta dal Portale Cartografico Nazionale del Ministero dell'Ambiente; il cerchio rosso indica il luogo in cui la colata ha formato una cascata di fango.

Figura 3: Esempi di colate di fango che hanno denudato i versanti nella parte inferiore del bacino del T. Racinazzo.

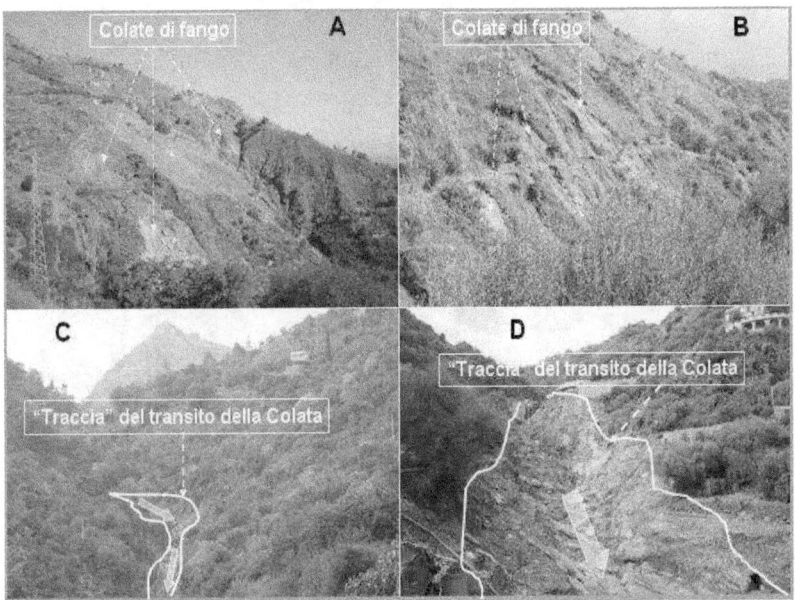

Figura 4: A e B= alcuni esempi delle molte decine di colate di fango che hanno denudato i versanti nella parte superiore del bacino del T. Racinazzo. C e D= traccia del transito della colata di fango e detriti nella parte superiore (C) e inferiore (D) del bacino. Foto Zancle.it

Figura 5: Parte terminale del T. Racinazzo, a monte del viadotto dell'Autostrada, dove il flusso ha originato una cascata di fango (per effetto del salto altimetrico dovuto all'opera di sostegno a monte della strada) e inglobato massi di roccia di dimensioni variabili da qualche decimetro cubo ad oltre 20 metri cubi.

1.1.2.2.3.2 Risultati dei rilievi diretti

I versanti della valle del T. Racinazzo sono stati denudati da molte decine di colate di fango (figure 3 e 4) che hanno mobilizzato migliaia di metri cubi di suolo e frammenti rocciosi della parte alterata del substrato metamorfico, saturi e/o molto imbibiti d'acqua precipitata in abbondanza già durante il mese di settembre e durante il 1 ottobre 2009. Le evidenze raccolte sul terreno indicano che i terreni coinvolti, subito dopo il primo distacco, si sono liquefatti precipitando sul fondo valle, direttamente nell'alveo torrentizio.

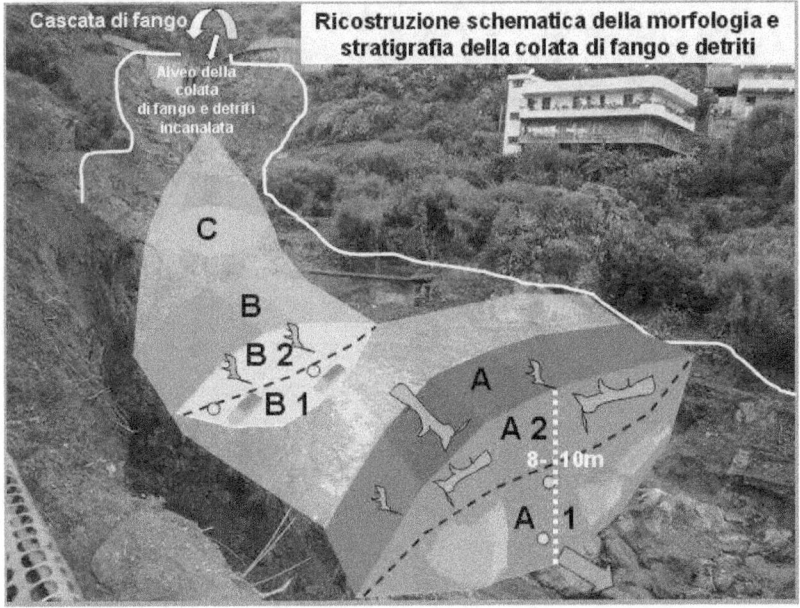

Figura 6: Ricostruzione schematica della morfologia della colata fangoso-detritica a monte dell'Autostrada Messina-Catania. A= fronte della colata; A1= parte basale inglobante

massi di roccia e detriti; A2= parte superiore prevalentemente fangosa; B= parte centrale della colata; B1= parte basale inglobante massi di roccia e detriti; B2= parte superiore prevalentemente fangosa; C= parte terminale della colata costituita in prevalenza da acqua fangosa.

Figura 7: Ricostruzione schematica della morfologia della colata fangoso-detritica nella zona d'impatto con i piloni dell'Autostrada Messina-Catania eseguita sulla base delle tracce dei residui fangosi, dei detriti e degli effetti ambientali rinvenuti sul posto direttamente da Ortolani e Spizuoco.

Figura 9: Esempio degli enormi massi di rocce inglobati e trasportati dalla colata fangosa detritica deposti sotto ai piloni dell'autostrada Messina Catania. Foto Zancle.it

La morfologia del bacino del T. Racinazzo, stretta (larghezza media circa 500 m) e lunga (circa 2200 m) con versanti ripidi e l'alveo incastrato nel substrato senza pianura alluvionale (figure 4 e 5) ha fatto sì che le colate di fango hanno determinato l'accumulo del detrito di frana direttamente nel corso torrentizio. Le varie migliaia di metri cubi di fango e detriti riforniti dai ripidi versanti nella parte alta del bacino imbrifero hanno contribuito ad alimentare il flusso fangoso-detritico che si è incanalato nell'alveo del T. Racinazzo ingrossandosi progressivamente e aumentando di velocità (figure 4 e 5).

Figura 10: Massi di roccia di grandi dimensioni, inglobati nella colata fangoso-detritica, che hanno colpito o sfiorato i piloni dell'autostrada. Il masso di maggiori dimensioni è di circa 25 mc.

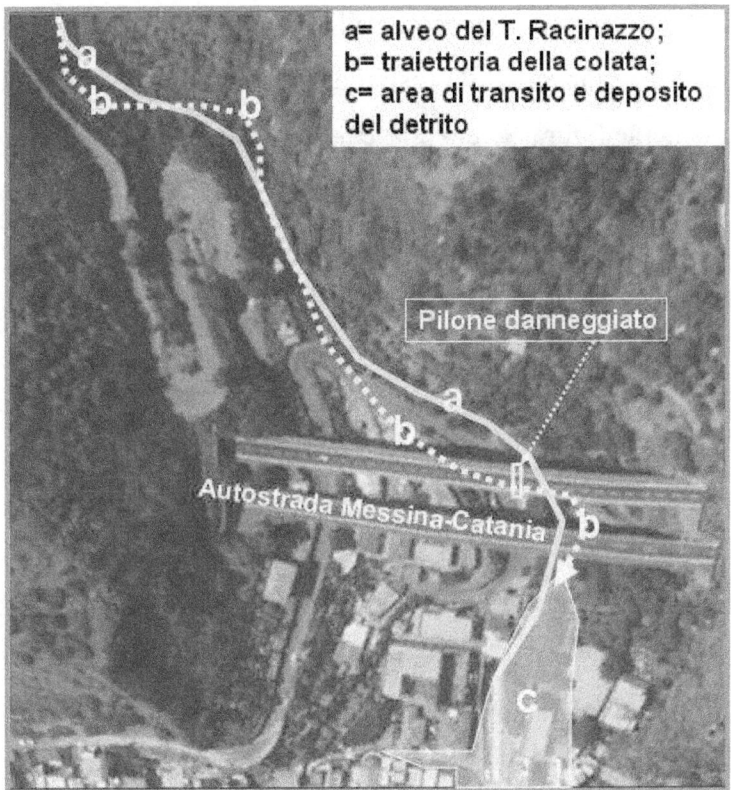

Figura 11: Ricostruzione del tracciato, in base all'impronta lasciata lungo i versanti, del flusso fangoso-detritico nella parte terminale dell'alveo del T. Racinazzo (a).
Sono evidenti le esondazioni del flusso (b) in corrispondenza delle anse del torrente che hanno provocato l'impatto del fronte della colata perpendicolarmente alla massima dimensione del pilone dell'Autostrada Messina-Catania. In giallo trasparente (c) è evidenziata l'area interessata dal transito e accumulo del detrito.

Quando il flusso fangoso-detritico è giunto all'altezza del viadotto, a monte dell'Autostrada, rappresentato con il cerchio rosso nella figura 2, era già caratterizzato da un volume di diverse migliaia di metri cubi e notevole velocità tale da dare origine ad una vera e propria cascata di fango (per effetto del salto altimetrico dovuto alla presenza dell'opera di sostegno a monte della strada comunale vedi figura 5) che è ricaduta nella valle sottostante provocando l'inglobamento di vari massi di grandi dimensioni.

Il flusso ha così percorso la parte terminale della valle (figure 5 e 6) ingrossandosi ulteriormente mediante l'inglobamento dei detriti, terreno e vegetazione che ricoprivano i versanti (figure 7, 8, 9 e 10) alimentati dalle colate e di quelli già accumulati in alveo.

Durante tale tragitto, caratterizzato da meandri incastrati, il flusso veloce ha tracciato varie curve paraboliche uscendo e rientrando in alveo fino ad investire i piloni dell'Autostrada Messina-Catania (figure 7, 8 e 9). La curva parabolica descritta in destra orografica dal velocissimo flusso poco a monte dell'autostrada ha costretto la colata a rientrare in alveo perpendicolarmente all'asta torrentizia investendo i piloni lateralmente (figure 11 e 12).

Uno dei massi inglobati nella colata ha colpito violentemente la parete destra orografica di un pilone della corsia sud dell'Autostrada Messina-Catania, provocando uno squarcio di circa 90 cm di diametro all'altezza di circa 1,30 m dal suolo (figure.8 e 9).

La possibile gravità della lesione del pilone, essendo essa un probabile "indicatore" di calcestruzzo "depotenziato", tenendo conto dell'ubicazione del foro nei riguardi dell'elemento strutturale a sezione trasversale cava monoconnessa (essendo prossimo alla sezione critica di base tesa a far fronte al momento resistente di progetto) ed anche della classificazione sismica attribuita all'area di specifico interesse, notoriamente dichiarata zona di elevata sismicità, non era stata colta dai responsabili della sicurezza dell'Autostrada fino a quando, dopo la segnalazione degli scriventi, è stato interdetto il traffico nella carreggiata Sud.

Dal semplice esame visivo del foro prodotto sul pilone, risulta che, a seguito dell'urto, si è verificato un fenomeno di punzonamento del calcestruzzo costituente la parete in c.a. del pilone. Il ferro, invece, pur presentandosi deformato, non ha subito tranciamento. Da ciò è deducibile che il Taglio resistente allo stato limite ultimo Tu della sezione del pilone sia fornito dal valore relativo alla rottura per schiacciamento del puntone compresso di calcestruzzo che, nella fattispecie, a seguito di un conteggio speditivo eseguito sul posto, ipotizzando un calcestruzzo R'ck=250kg/cmq, ha fornito una Forza d'urto stimata in almeno 300 tonnellate. Questa intensità della Forza d'urto esercitata dal masso nell'impatto con il pilone, se prodotta da un masso di un metro cubo, trascurando l'attrito fra fluido e corpo, è associabile ad una Quantità di moto pari a circa 50000 Kgm/s e Velocità d'impatto pari a circa 90 km/h; ovviamente se il masso che ha colpito il pilone invece di essere di 1 mc. fosse stato di 2mc. la Velocità d'impatto dovrebbe essere dimezzata. Quanto sopra è vero nel caso che il calcestruzzo adoperato per il pilone abbia una resistenza R'ck=250kg/cmq. cioè uguale alla usuale minima resistenza consentita per la realizzazione di strutture in c.a. edificate all'epoca della costruzione del pilone.

Naturalmente, se il calcestruzzo adoperato è di tipo "depotenziato" ad es. del 40%, la Forza d'urto sufficiente a provocare lo sfondamento del pilone, da parte di un masso di 1 mc., invece di 300 tonnellate, sarà stata pari a circa 200 tonnellate con una Velocità di impatto 60km/h e se il masso avesse avuto dimensioni di 2 mc. la Velocità d'impatto sarebbe stata pari a 30Km/h. Se fosse vero quest'ultimo caso, sarebbe evidente la gravità della deficienza strutturale del pilone.

Quanto sopra porta alla conclusione che o il pilone è stato investito da un masso la cui Forza d'urto abbia avuto una intensità di almeno 300 tonnellate, oppure il pilone dell'Autostrada è stato realizzato, purtroppo, con calcestruzzo "depotenziato".

E' appena il caso di segnalare che operazioni di controllo strutturali si dovrebbero eseguire di routine in seguito ad eventi eccezionali e periodicamente durante la vita di esercizio di una struttura, specialmente, come nella fattispecie, quando la struttura interessata ricade in zona ad alto rischio sismico.

La particolare traiettoria che può essere seguita dalle veloci colate in valli incassate meandriformi pone la necessità di effettuare adeguate e attente verifiche per la sicurezza dei piloni realizzati in alvei che possono essere percorsi da colate fangoso-detritiche inglobanti massi di grandi dimensioni.

All'impatto frontale con il pilone danneggiato la colata si è sollevata raggiungendo una quota di circa 12 m dalla base del pilone (figure 8 e 9) ancora riconoscibile per la presenza di fango; sul lato sottocorrente il fango ha raggiunto una quota di 2-3 m. Gli indizi lasciati dal passaggio della colata consentono di ricostruire una parte inferiore del flusso che trasportava molti massi anche di grandi dimensioni (figura 9) da una parte superiore fangosa. Dopo il transito della parte fangoso-detritica è avvenuto il "lavaggio" del fango che incrostava il pilone dalla parte terminale della colata più acquosa (figura 8). Situazioni simili sono state riconosciute anche nelle zone interessate dalle colate di fango in Campania.

Figura 12: Ricostruzione schematica del percorso della colata fangoso-detritica nella parte terminale del Torrente Racinazzo a monte e a valle dell'Autostrada; l'area delimitata con il rosso trasparente è stata interessata dal transito della colata e da successivo accumulo di detriti. a= percorso della colata lungo l'alveo incassato dove ha effettuato varie curve paraboliche fino ad investire i piloni dell'Autostrada perpendicolarmente alla loro massima dimensione (b); c1 e c2 rispettivamente flusso destro e sinistro orografico nei quali si è suddivisa la colata che ha trascinato vari massi di roccia fino al mare che hanno tranciato parte delle strutture portanti in calcestruzzo armato di un palazzo (d). Le foto a destra rappresentano,

51

dall'alto verso il basso, il buco nel pilone dell'Autostrada, il grande masso di circa 25 mc, un pilastro dell'edificio danneggiato dai massi inglobati nella colata.

In base ai dati evidenti lungo il Torrente Racinazzo e a quelli riconosciuti nelle aree devastate dalle colate di fango in Campania, è stato possibile ricostruire schematicamente la morfologia e stratigrafia del flusso durante lo scorrimento.

In base a quanto rappresentato nelle figure 3, 4, 5 e 6 è evidente che la colata si è costruita ed evoluta nella parte medio-alta del bacino del T. Racinazzo; quando ha raggiunto il viadotto stradale a monte dell'Autostrada (figura 2) il flusso era già caratterizzato da un consistente volume (migliaia di mc) e da notevole velocità in quanto ha originato una cascata di fango che si è sparso a ventaglio ricadendo nella sottostante valle. Fenomeni simili sono avvenuti nei valloni interessati da alcune colate di fango a monte di Sarno nel maggio1998. Certamente dalla cascata fino al mare il flusso non si è mai fermato ma ha inglobato moltissimi massi di rocce metamorfiche. L'impronta lasciata dal passaggio del flusso consente di ricostruire l'altezza della parte frontale della colata stimata in 8-10 m (figure 6 e 7) a monte dell'Autostrada. La parte basale del flusso, fino a 2 m circa d'altezza, deve essere stata particolarmente ricca di massi. La parte sommitale e la parte centrale, che seguiva il fronte del flusso, deve essere stata prevalentemente fangosa. La parte terminale della colata doveva essere rappresentata da un fluido fangoso molto acquoso.

La velocità della colata nella zona d'impatto con i piloni dell'autostrada può essere stimata di varie decine di km/h e la portata massima della parte frontale è valutata tra 1000 e 2000 mc/sec.

Il volume del flusso è aumentato fino al viadotto autostradale in quanto nell'area valliva attraversata si ha solo l'evidenza dell'inglobamento di detriti, suolo, vegetazione e manufatti. L'accumulo dei detriti è avvenuto a valle dell'Autostrada dove la colata si è espansa nella pianura alluvionale caratterizzata da un'inclinazione nettamente inferiore a quella della valle (figure 11, 12 e 13). La parte terminale dell'alveo del T. Racinazzo in corrispondenza dell'abitato, con una sezione variabile ma, comunque, inferiore a 40-50 metri quadri, era stata "intubata" negli anni precedenti per ricavare parcheggi. Il flusso fangoso-detritico, quando è giunto a ridosso dell'abitato, scorreva fuori alveo occupando una sezione di almeno 150 -170 metri quadri (figure 11, 12 e 13). I detriti hanno subito intasato la sezione torrentizia per cui il flusso è defluito al di sopra del piano campagna urbanizzato. Il rallentamento del flusso ha determinato l'accumulo di grandi volumi di detrito e grossi massi costituenti la parte frontale della colata; la parte mediana e terminale del flusso ha proseguito la sua corsa verso mare occupando anche le strade laterali come la Strada Statale colmandola con 2-3 metri di fango, detriti, tronchi d'albero, carcasse di autoveicoli ecc., che hanno invaso anche i locali siti al piano terra (figura 13). Vari edifici sono stati distrutti e danneggiati dal fronte della colata che ha raggiunto il mare trascinando molti grossi massi che hanno danneggiato le strutture portanti in calcestruzzo armato di un edificio costruito in sinistra orografica (figure 13, 14 e 15).

Figura 13: ricostruzione degli effetti provocati dalla colata tra l'Autostrada e il mare nell'area abitata di Scaletta Zanclea Marina. tra= area interessata dal transito veloce e dal successivo accumulo di detriti comprendenti massi di grandi dimensioni; frc= ricostruzione della morfologia del fronte della colata (alta circa 4 m) mentre transitava tra gli edifici inglobando grossi massi di roccia (in verde) che hanno lesionato le strutture portanti dell'edificio; ctr= conoide di detriti accumulati dal Torrente Racinazzo dopo il transito della colata che ha trasportato la maggior parte dei detriti in mare.

Figura 14: Ricostruzione dell'altezza e della potenza della colata a poche decine di metri dalla spiaggia. Sono evidenti i danni arrecati dai grossi massi inglobati nella colata alle strutture portanti in c.a. dell'edificio multipiano. Foto Zancle.it.

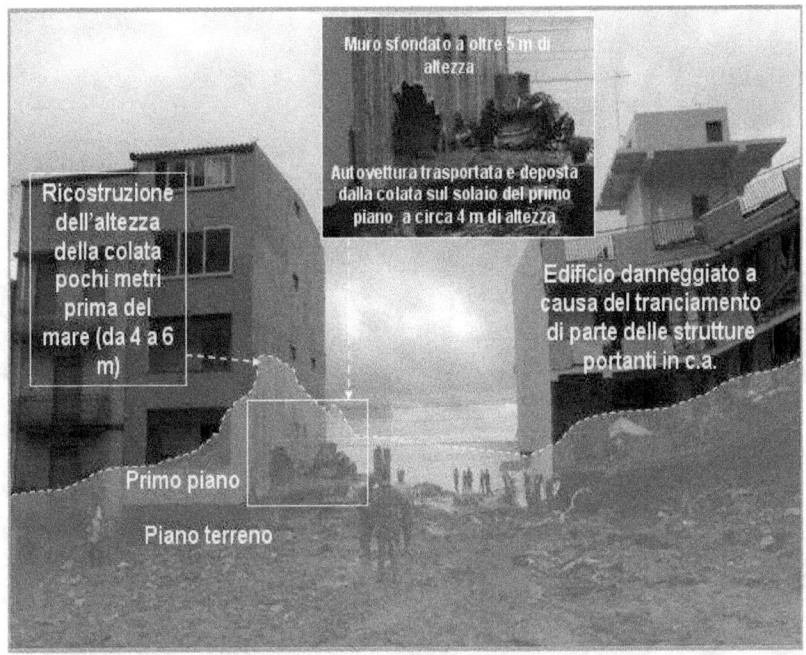

Figura 15: Ricostruzione dell'altezza e della potenza della colata ed evidenziazione del notevole volume di fango deposto a poche decine di metri dalla spiaggia. Foto Zancle.it

Figura 16: La foto in alto evidenzia l'impatto determinato dall'evento alluvionale dell'ottobre 2007, simile ma non così disastroso come l'evento del 1 ottobre 2009 (foto in basso), nell'area attraversata dall'alveo del T. Racinazzo dove è ubicato l'edificio indicato con la lettera A. Foto Zancle.it

In base alle impronte del fango e agli oggetti deposti ai primi piani di alcune abitazioni (anche una carcassa d'auto) è possibile ricostruire l'altezza del flusso, circa 4 m, mentre transitava tra gli edifici costruiti sul mare (figure 14, 15 e 16). Molti grossi massi sono stati deposti a qualche decina di metri dal mare a testimonianza che la colata doveva ancora avere una notevole energia. Queste evidenze indicano che la maggior parte del volume del detrito prevalentemente fangoso è stato trasportato in mare dove avrà contribuito a costruire una conoide sommersa come accadde a Vietri Sul Mare che fu devastata da colate di fango e detriti nell'ottobre del 1954 (figura 19).

Il volume dei detriti (prevalentemente fango e detriti lapidei) deposti tra l'Autostrada e l'area abitata è stimato in almeno 20.000-30.000 mc. Considerando i detriti trasportati in mare, (figure 20 e 21) il volume, molto probabilmente, è almeno il doppio. In base alle testimonianze raccolte, si ritiene che vi sia stata una colata fangoso-detritica principale molto potente e veloce e alcune colate successive meno potenti.

I dati esposti sinteticamente evidenziano che la distruzione di Scaletta Zanclea Marina è stata causata da una disastrosa colata fangoso-detritica, costruitasi ed evoluta lungo la valle del Torrente Racinazzo, alimentata da molte decine di colate di fango che hanno interessato i versanti della parte medio alta del bacino imbrifero. Se non vi fossero state queste ultime, non si sarebbe potuto originare un flusso tanto potente e disastroso che, in alcune decine di secondi, ha percorso il fondo valle investendo rovinosamente Scaletta Zanclea Marina.

In conclusione, è accertato che la distruzione di Scaletta Zanclea Marina è da attribuire alla colata fangoso-detritica veloce e potente e non ad una piena idrica originata dall'acqua che affluiva nel fondo valle (figura 18).

Se non vi fosse stata la tombatura dell'alveo nell'area abitata, il disastro si sarebbe verificato ugualmente, come prima evidenziato dal fatto che il flusso rapido e potente occupava una sezione notevolmente più grande rispetto a quella dell'alveo regimentato. Il disastro si sarebbe evitato solo se il Torrente Racinazzo avesse avuto a sua disposizione, alla foce, una sezione torrentizia utile di almeno 150-170 metri quadrati, vale a dire un alveo ampio almeno 40 m.

Il Torrente Racinazzo nell'ottobre 2007 fu interessato da un grave evento alluvionale che fu innescato da decine di colate di fango lungo i versanti (figura 16).

La potenza della colata fangosa detritica che si mobilizzò lungo l'asta torrentizia non fu tale da consentire l'inglobamento dell'enorme quantitativo di enormi massi che invece ha caratterizzato la colata del 1 ottobre 2009.

Figura 17: La foto in alto illustra il tratto terminale del Torrente Divieto in corrispondenza del viadotto della Strada Statale e della copertura realizzata alcuni anni fa "a salvaguardia del rischio idrogeologico" come si evince dalla tabella relativa ai lavori durante l'alluvione dell'ottobre 2007 (foto in basso). Quest'ultimo evento provocò esondazione e trasporto e accumulo di fango, detriti e alberi sulla sede stradale che danneggiarono numerose abitazioni. Foto Zancle.it

Figura 18: A sinistra è riportata la ricostruzione dell'evento pubblicata dal Corriere della Sera on line che attribuisce erroneamente l'evento ad una piena idrica che ha trascinato i detriti. Sulla stessa foto, a destra, è riportata la ricostruzione del fenomeno rappresentato da una rapida e potente colata fangoso-detritica.

E' da tenere presente che le colate di fango si sono originate lungo i versanti e sono state alimentate dal suolo e dalla parte alterata del substrato ed hanno trascinato la vegetazione d'alto fusto avente le radici sviluppate nel suolo. Anche molti terrazzi agricoli sono stati inglobati dalle colate di fango lungo i versanti.

Figura 19: modificazione della morfologia costiera della spiaggia di Marina di Vietri sul Mare dopo l'evento alluvionale del 25 ottobre 1954. Una parte dei detriti si sedimentò nei fondali del Golfo di Salerno.

La colata fangosa detritica del Torrente Racinazzo rappresenta un fenomeno simile a quello che interessò il Torrente Bonea a Vietri sul Mare, in Provincia di Salerno nell'ottobre 1954. Quest'ultimo evento fu innescato da precipitazioni piovose più abbondanti (oltre 500 mm in circa 16 ore) di quelle che hanno determinato la mobilizzazione della colata del T. Racinazzo; le colate detritiche furono alimentate da decine di colate di fango che denudarono decine di ettari di versanti boscati. L'enorme volume (circa 500.000 mc) di sedimenti deposti alla foce originarono in poche ore un'ampia e pronunciata conoide (figura 19).

1.1.2.2.3.3 Che fare?

I versanti del bacino imbrifero che hanno alimentato le colate di fango sono vasti molte migliaia di ettari e non è possibile, su gran parte di essi, realizzare una stabilizzazione del suolo e della coltre alterata sottostante.

Nemmeno il ripristino della vegetazione e il semplice terrazzamento garantiscono la stabilizzazione della copertura instabile.

I bacini imbriferi con versanti inclinati da 30 a 40 gradi, caratterizzati da una copertura con scadenti caratteristiche geotecniche, non ancorata nel substrato roccioso, a sua volta potenzialmente instabile perché costituito da ammasso metamorfico variamente fratturato al tetto, in occasione di eventi piovosi consistenti diluiti in alcuni mesi, seguiti da eventi particolarmente intensi (alcune centinaia di mm in poche ore) e concentrati, possono innescare decine di eventi franosi tipo colate rapide di fango e detriti.

L'enorme volume di fango e detriti che può affluire nel fondovalle può innescare un flusso rapido che rapidamente assume volume e velocità sorprendenti come accaduto l'1 ottobre 2009.

L'esperienza impone di rivedere immediatamente la pericolosità idrogeologica di tali bacini minori che incombono su aree abitate e infrastrutture di importanza strategica in relazione alla prevedibile evoluzione dell'assetto morfologico di versante e delle aste torrentizie.

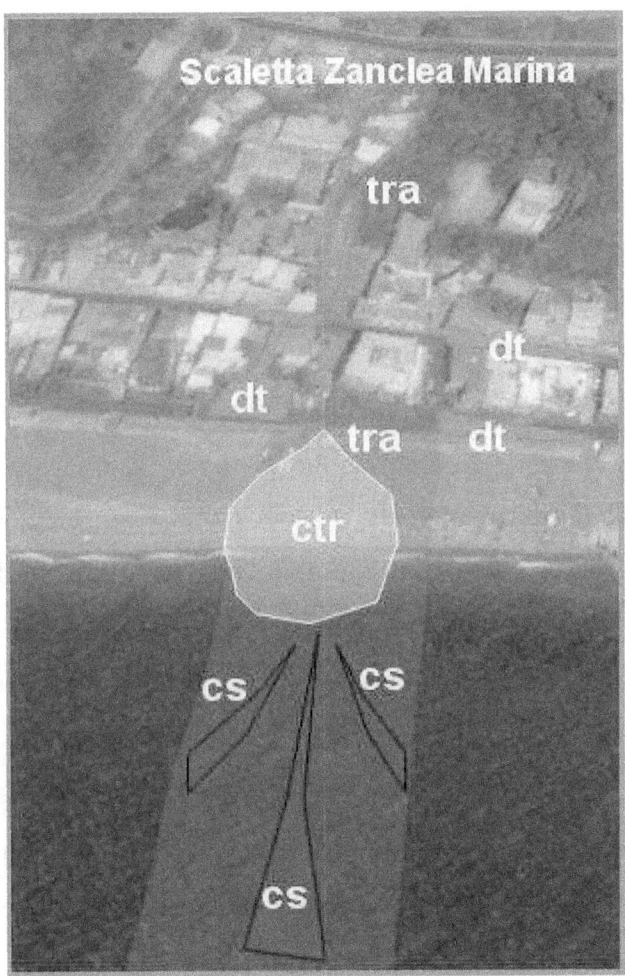

Figura 20: Effetti geoambientali della colata incanalatasi nel Torrente Racinazzo. tra= area interessata dal transito veloce e dal successivo accumulo di detriti comprendenti massi di grandi dimensioni; dt= accumulo di detriti nelle strade,

all'interno degli edifici e sulla linea ferroviaria; cs= conoide sommersa originata dall'accumulo dei detriti trasportati in mare dalla colata (la delimitazione è indicativa); ctr= conoide di detriti accumulati dal Torrente Racinazzo dopo il transito della colata.

Alla luce di quanto accaduto, forti perplessità sorgono nei confronti dei piani geologici redatti a supporto della pianificazione urbanistica e delle relazioni idrogeologiche, idrauliche e strutturali inerenti alle scelte progettuali per l'ubicazione e la costruzione di ponti e/o viadotti con particolare riferimento alle pile posizionate in alvei di aste torrentizie. Sarebbe indispensabile una rivisitazione di tutte quelle strutture che potrebbero essere soggette ad azioni eccezionali dovute a fenomeni naturali, come urti per effetto di cadute di massi, colate detritiche, colate fangose, ecc..

Particolare attenzione occorre porre alla valutazione delle azioni dovute agli urti da utilizzare nelle applicazioni delle schematizzazioni di calcolo dei piloni e/o spalle da ponte e/o ai loro sistemi di protezione:

sistemi di protezione che, mai come in questo caso, sono da ritenersi essenziali per la mitigazione del rischio nei confronti delle opere esistenti. Per un'ottimizzazione dei sistemi di protezione, in ogni caso risulta indispensabile uno studio del percorso di caduta massi, una campagna d'indagine finalizzata alle analisi di caduta massi e al trasporto dei massi inglobati in colate detritiche, un'analisi del possibile aspetto fisico della colata di detrito e della zona di arresto della colata. Per una migliore quantificazione delle azioni da adottare per simulare gli effetti dovuti ad urti di massi rocciosi su strutture resistenti, sarebbe opportuno effettuare delle indagini scientifiche–probabilistiche-sperimentali finalizzate alla valutazione della forza d'impatto di un masso e/o di colate detritiche al fine di individuare i possibili interventi di difesa e ben dimensionare le strutture resistenti. In mancanza di studi specifici, nell'immediatezza della problematica e, tenendo conto che, in genere, i piloni da ponte sono da considerarsi a sostegno di opere pubbliche strategiche con finalità anche di protezione civile e suscettibili di conseguenze rilevanti in caso di collasso, preso atto anche delle possibili implicazioni economiche e sociali che ne potrebbero derivare, gli scriventi in via di prima approssimazione, ai fini di una schematizzazione statica equivalente dell'urto, suggeriscono di adoperare una forza variabile da 80000 kg a 400000 kg, a seconda delle dimensioni del masso roccioso più probabile che possa investire l'opera di protezione, associando la forza minore a massi di dimensioni di circa 1mc per giungere al valore più alto per massi di circa 20mc.

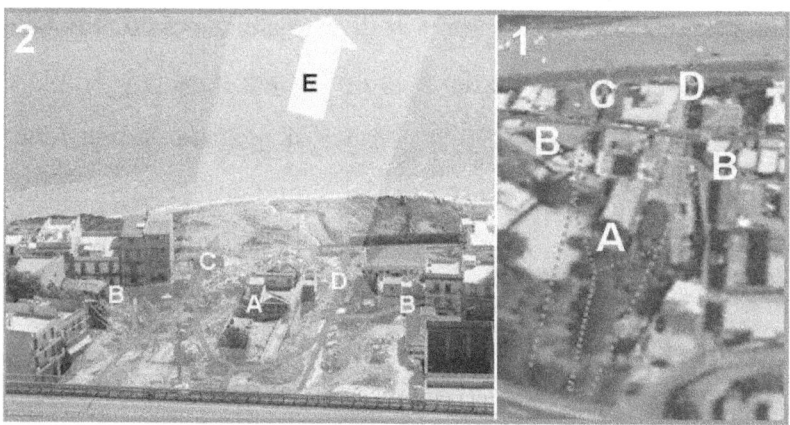

Figura 21: La foto 1 illustra la parte di Scaletta Zanclea Marina devastata dalla colata fangoso-detritica incanalatasi nella valle del Torrente Racinazzo prima dell'evento del 1 ottobre 2009. La foto 2 (da Zancle.it) illustra la stessa area dopo il disastro. In giallo trasparente è indicata l'area emersa e sommersa interessata dal transito della colata e dal deposito dei detriti. A= edificio che ha funzionato da "sparti colata" suddividendo il flusso fangoso-detritico in due rami. B= flussi laterali che hanno invaso le vie dell'abitato; C= flusso in sinistra orografica; D= flusso in destra orografica; E= area sommersa interessata dal transito del flusso che deve essersi disperso nello Ionio.

70

Per quanto riguarda il Torrente Racinazzo, è già stato proposto di utilizzare l'ampia sezione torrentizia occupata dalla colata come sezione da sistemare definitivamente, accompagnata dall'adeguamento dei viadotti della Strada Statale e della Ferrovia (figura 22). Tra gli interventi da realizzare al fine di mettere in sicurezza l'area abitata e le infrastrutture dell'area costiera, la naturale morfologia dei luoghi suggerisce che, là ove il torrente si allarga e la pendenza diminuisce, ben si adatta la realizzazione di una "piazza di deposito" (eventualmente approfondita in scavo con opportuna pendenza di fondo) tesa ad arrestare prima della zona urbanizzata i materiali solidi, lapidei e vegetali trasportati da ulteriori e possibili colate future di tipo detritico e/o fangose che potrebbero interessare l'asta torrentizia del T. Racinazzo.

Senza voler entrare ulteriormente nel merito, la presenza di un'area a bassa pendenza facilmente ricavabile ove l'alveo torrentizio si allarga, comporterebbe la diminuzione di velocità del flusso determinando il deposito del materiale trasportato o l'arresto delle colate detritiche.

L'ideale sarebbe che ciò venisse realizzato inserendo al lato valle una barriera ai detriti con briglia a pettine centrale, non

71

priva di strada di accesso laterale per consentire l'asportazione dei detriti.

Una soluzione alternativa, come inizialmente riportato, sarebbe quella di liberare totalmente la zona della conoide dai manufatti presenti (figura 22) provvedendo alla sistemazione della zona di conoide e alla realizzazione di rampe laterali di accesso per consentire la pulizia dei detriti.

Entrambi i tipi di sistemazione dovrebbero essere comunque supportate dalla rimodellazione altimetrica della strada statale e della ferrovia esistente, come innanzi segnalato. L'area, eventualmente interessata da questi interventi difensivi, potrebbe essere inserita nel contesto urbano come area di verde attrezzato fruibile nei giorni non piovosi.

Ovviamente anche la realizzazione di potenti briglie selettive al fine di catturare i massi a monte, prevedendo naturalmente un sistematico piano di manutenzione, è da ritenersi di importanza strategica per la mitigazione del rischio di crollo (per effetto di colate detritiche) dei fabbricati e/o di possibili manufatti.

Questo perché si è dell'avviso che la colata di fango, nella fattispecie, senza l'apporto detritico/massivo, molto difficilmente avrebbe prodotto i danni riscontrati sui fabbricati. In casi del genere, i fabbricati più vulnerabili sono indubbiamente quelli a numero ridotto di piani 1-2, mentre quelli più idonei a contenere colate di fango risultano i fabbricati multipiano. Ciò perché per fabbricati multipiano, sia essi con struttura muraria che con struttura in c.a., le dimensioni dei pilastri e/o dei setti murari suscettibili ad essere investiti da colate si presentano con inerzia più grande di quelli a tipologia bassa, anche perché la resistenza a taglio e/o il momento ultimo delle sezioni resistenti è maggiore per quegli elementi strutturali sottoposti a carico verticale maggiore.

Nel caso specifico, sono riscontrabili diversi manufatti bassi che, pur essendo potenzialmente più vulnerabili ed ubicati nell'area di influenza della conoide, hanno ben resistito alla velocità della colata (vedi figura 21) perché investiti prevalentemente da una colata a componente acquosa fangosa con detriti centimetrici contenuti.

Figura 22: Proposta schematica di messa in sicurezza dell'abitato di Scaletta Zanclea Marina.

Laddove, invece, la colata inglobava molti detriti multidecimetrici e/o grossi massi, i fabbricati, indipendentemente dal numero di piani da cui erano costituiti, hanno subito danni catastrofici irreversibili (vedi figure 13 14 e 15) per effetto dell'urto dei detriti sugli elementi strutturali e/o sulle tompagnature. Sempre nell'area di specifico interesse, sono presenti fabbricati di cinque piani che ben hanno retto alla velocità della colata, perché non investiti da massi rocciosi ma soltanto dalla colata fangosa.

In definitiva, gli scriventi sono del parere che i danni alle strutture sono da attribuire ai detriti presenti nella colata e non alla piena idrica perché laddove non si è avuto l'impatto con blocchi detritici, la matrice liquida/fangosa, così come è stato possibile accertare sul posto, pur arrecando danni ai fini dell'abitabilità, non ha prodotto danni irreversibili alle strutture, essendo stato l'effetto su di esse abbastanza contenuto.

L'edificio di quattro piani ubicato nella conoide tra la Strada Statale e la ferrovia, pur essendo protetto a lato monte da un manufatto più basso (edificio delle suore) che, egregiamente, si è comportato nei confronti del flusso di colata è stato seriamente danneggiato tanto da richiederne l'abbattimento. A rigore di logica, all'edificio a monte in posizione centrale che ha agito da "struttura sparti colata", è stato trasmesso direttamente sotto forma di energia d'urto l'intera velocità della colata. Questo edificio ben ha retto all'impatto della colata perché, fortunatamente, non ha subito l'impatto di massi detritici.

L'edificio di quattro piani, più a valle, disposto ai margini dei due rami di colata, avendo subito azioni molto più moderate rispetto a quello precedente, giacché avrebbe subito simultaneamente un'azione normale (molto contenuta) per effetto della pressione idrostatica delle colate ai due lati dell'edificio e ad un'azione tangenziale (molto contenuta) per effetto dello scorrimento, non poteva essere assolutamente danneggiato se non fosse stato investito da enormi massi metrici.

Si è dell'opinione che, pur essendo la velocità della colata lungo l'asta torrentizia, abbastanza elevata, in gran parte dell'area di conoide la velocità è stata di pochi m/s, stimabile in circa 3 m/s. Questo perché per velocità maggiori, i manufatti bassi di 1-2 piani sarebbero collassati in modo istantaneo indipendentemente dalla tipologia strutturale, ove per velocità dell'ordine di 4-5m/s sui fabbricati in muratura si sarebbero

76

registrati seri danni ai setti murari e per fabbricati in c.a. si sarebbero manifestati rotture dei tompagni in laterizio. Logicamente, per velocità più alte, mediamente superiori ai 10 m/s, anche i fabbricati in c.a. collassano nella loro struttura portante; fermo restante, si ribadisce, che al crescere del numero di piani le velocità di collasso aumentano indipendentemente dalla tipologia strutturale dei fabbricati.

Anche il tratto terminale del Torrente Divieto deve essere adeguatamente sistemato ampliando lo sbocco in mare ed eliminando le strozzature e la tombatura che, nonostante le buone intenzioni dichiarate nella tabella dei lavori che sono stati eseguiti alcuni anni fa, hanno reso possibile l'esondazione di acqua e detriti (figura 23).

Sulla fascia costiera densamente urbanizzata e interessata da infrastrutture di importanza strategica come l'Autostrada Messina-Catania, la Strada Statale e la linea ferroviaria costiera ionica, incombe il versante ripido, parallelo al mare, che già con l'evento del 2007 e anche con quello del 1 ottobre 2009 (figure 24 e 25) ha contribuito ad aumentare i danni alle cose e alle persone a causa di diverse colate di fango che hanno determinato danni e l'interruzione delle strade e della ferrovia. Altri corsi d'acqua torrentizi minori (es. il Torrente Itala) attraversano la fascia urbanizzata e devono essere messi in sicurezza (figure 26 e 27).

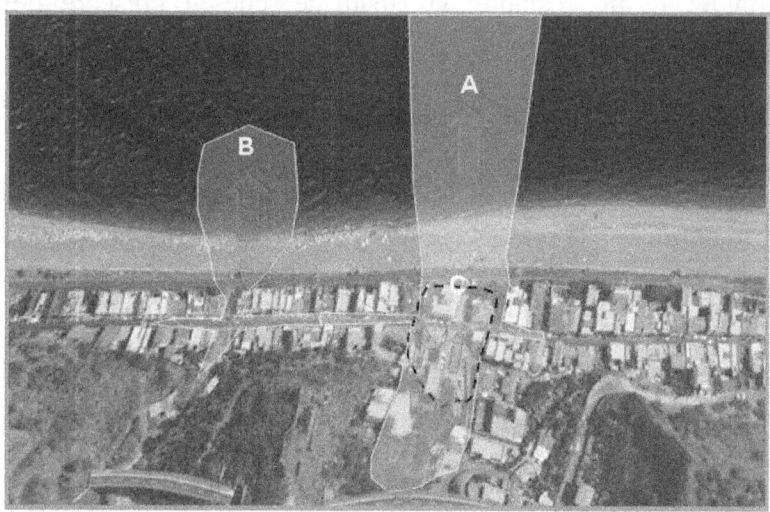

Figura 23: Principali effetti causati dall'evento del 1 ottobre 2009 tra il Torrente Racinazzo (in giallo trasparente) e il Torrente Divieto (in verde trasparente). A= Area interessata dal transito e deposito di detriti della colata fangoso-detritica; B= area interessata dall'accumulo di detriti da parte del Torrente Divieto.

Figura 24: Colata di fango innescatasi ed evoluta invadendo la Strada Statale, nell'ottobre 2007, lungo il breve ma ripido versante incombente su Scaletta Zanclea Marina tra il Torrente Racinazzo e il Torrente Divieto. Il flusso ha inglobato molti alberi d'alto fusto. Foto Zancle.it.

Figura 25: Colata di fango innescatasi ed evoluta invadendo la Strada Statale e la linea ferroviaria, il 1 Ottobre 2009, lungo il breve ma ripido versante incombente sul mare in corrispondenza di Capo Scaletta. Foto Vigili del Fuoco.

Figura 26: alveo della Fiumara di Giampilieri Superiore.

Figura 26bis: alveo del Torrente Itala completamente colmati di detriti (A) e dopo il ripristino della sezione torrentizia (B).

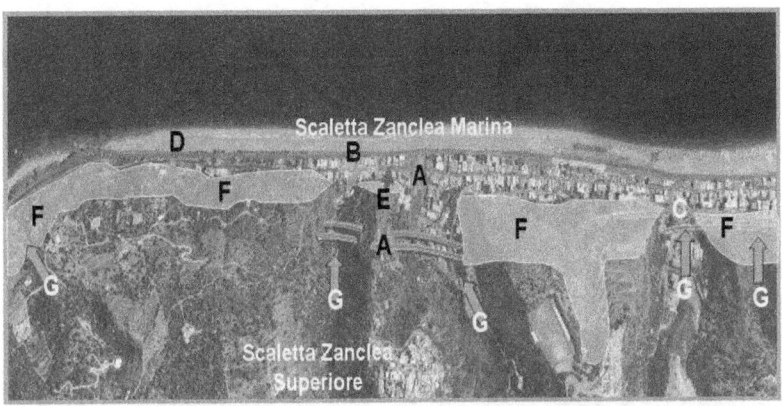

Figura 27: Rappresentazione schematica degli effetti geoambientali principali causati dagli eventi alluvionali del 2007 (E) e del 1 ottobre 2009 (A, B, C, D): A= area devastata dalla colata fangoso-detritica del Torrente Racinazzo; B= area interessata dall'accumulo di detriti trasportati dal Torrente Divieto; C= alveo del Torrente Itala colmato di detriti; D= colata di fango che ha interessato la Strada Statale e la linea ferroviaria travolgendo un furgone; E= colata di fango che ha invaso la Strada Statale nell'ottobre 2007. Individuazione schematica dei principali pericoli geoambientali che possono interessare Scaletta Zanclea Marina in concomitanza con eventi piovosi molto consistenti come verificatosi tra settembre e il 1 ottobre 2009: F= area d'innesco ed evoluzione di colate di fango lungo i ripidi versanti;

G=colate fangoso-detritiche incanalate.

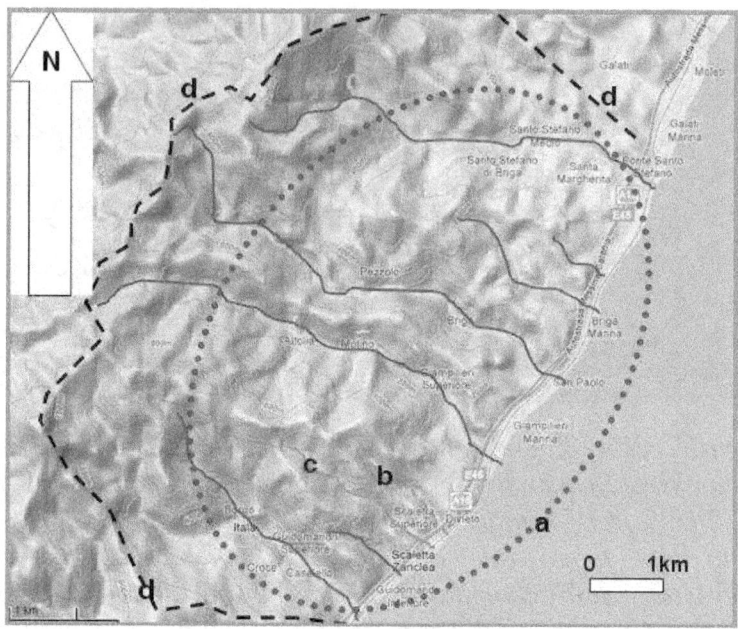

Figura 28: a= area epicentrale dei principali effetti geoambientali causati dalle precipitazioni piovose del 1 ottobre 2009, già interessata da abbondanti piogge durante il precedente mese di settembre. Nell'area si sono verificate centinaia di colate rapide di fango innescatesi ed evolutesi lungo i ripidi versanti che hanno mobilizzato complessivamente centinaia di migliaia di metri cubi di fango e detriti. b= Torrente Divieto interessato da deflusso di acqua e detriti che sono esondati in corrispondenza dell'abitato di Scaletta Zanclea Marina. c= Torrente Racinazzo interessato dal deflusso incanalato di una potente colata fangoso-detritica che ha devastato parte dell'abitato costiero. d= Spartiacque dei vari bacini imbriferi interessati dall'evento piovoso del 1 ottobre 2009.

1.1.2.2.3.4 Conclusioni

Gli eventi verificatisi l'1 ottobre 2009 hanno interessato un'area ristretta di circa 50 chilometri quadrati (circa 7X7 km). I fenomeni più devastanti sono stati rappresentati da migliaia di colate di fango innescatesi lungo i versanti dell'area epicentrale e dalla colata fangoso-detritica del Torrente Racinazzo.

Nel bacino imbrifero del Torrente Divieto, parallelo al Racinazzo e distante alcune centinaia di metri, si sono verificate numerose colate di fango lungo i versanti; un flusso di acqua e detriti consistente ha provocato l'esondazione nell'area di foce in corrispondenza della tombatura dell'alveo (figura 28).

Le vittime e i danni principali sono da attribuire a tali fenomeni.

Nella zona di Scaletta Zanclea le colate di fango sono state devastanti lungo il loro veloce percorso che ha interessato i versanti, inclinati da circa 30 a circa 45 gradi nelle zone d'innesco delle frane e le fasce pedemontane di raccordo con i fondo valle dove hanno continuato ad inglobare terreno, vegetazione, terrazzamenti e altri manufatti. Le colate di fango innescatesi ed evolute lungo i brevi versanti incombenti sulla fascia costiera urbanizzata hanno invaso la sede stradale, quella ferroviaria e qualche costruzione.

La corretta ricostruzione degli eventi idrogeologici e la valutazione della loro potenza forniranno utili indicazioni per la messa a punto di interventi di messa in sicurezza e di difesa dei cittadini attivando idonei piani che consentano, almeno, di limitare danni alle persone.

L'evento piovoso del 1 ottobre 2009, che ha causato i principali effetti al suolo che hanno caratterizzato l'area epicentrale, è un fenomeno simile a quelli che hanno provocato distruzione e centinaia di vittime nell'area compresa tra Salerno, Maiori e Cava dei Tirreni nell'ottobre 1954, nella zona tra Sarno, Quindici e Bracigliano nel maggio 1998, nella Versilia-Garfagnana nel giugno 1996, tutti caratterizzati da una dichiarata "imprevedibilità" ed estrema violenza nel determinare migliaia di fenomeni franosi quali colate rapide di fango e detriti lungo i versanti. La diffusa antropizzazione e urbanizzazione del territorio trasforma immancabilmente questi eventi naturali in catastrofi.

La morfologia e la rete idrografica del territorio interessato dall'evento piovoso del 1 ottobre 2009 (figura 29) è stata favorevole ad una suddivisione in vari bacini imbriferi dell'acqua di ruscellamento che è stata rapidamente smaltita in mare da numerose aste torrentizie drenanti bacini stretti ed allungati di limitate dimensioni. Le numerosissime colate di fango che hanno raggiunto i corsi d'acqua hanno reso disponibili in poche decine di minuti migliaia di metri cubi di detriti lapidei e di tronchi d'albero d'alto fusto che hanno determinato il veloce colmamento, quasi totale, delle sezioni torrentizie specialmente in corrispondenza dei viadotti. Le aste torrentizie delle fiumare principali hanno determinato limitati problemi grazie al fatto che gli afflussi meteorici principali sono precipitati sulla parte di territorio drenata dai piccoli bacini imbriferi.

L'impossibilità, per vari motivi, di mettere in sicurezza preventivamente tutte le aree, ubicate in bacini o lungo versanti con caratteristiche geoambientali simili a quelle che caratterizzano le aree sopra ricordate, che, potenzialmente, possono essere interessate da tali micidiali fenomeni, deve

87

indurre a organizzare un'idonea "difesa" per limitare, almeno, i danni alle persone.

Considerando che la pioggia che cade sul suolo non innesca immediatamente i fenomeni franosi rapidi e la canalizzazione dei detriti, vi sono, in genere, diversi giorni individuabili come "periodo di attenzione" e, successivamente, per individuare la possibile fase di imminente pericolosità catastrofica del fenomeno idrologico in atto, vi sono sempre diverse decine di minuti utili.

Ciò consente di attivare piani dettagliati di protezione civile al fine di consentire la salvaguardia di vite umane.

Naturalmente ciò è possibile se sono state attivate reti di misura in tempo reale delle precipitazioni e delle deformazioni in atto a cui sono associati sperimentati piani di allarme e di protezione civile predisposti in relazione alle differenti caratteristiche morfologiche, idrogeologiche, di antropizzazione e urbanizzazione.

Le indagini in corso evidenziano che le aree epicentrali degli effetti al suolo causati dagli eventi tipo quello del 1 ottobre

2009 sono di dimensioni limitate, variabili da circa 50 kmq a circa 70 kmq; all'esterno di tali aree le precipitazioni, di solito, sono del tutto normali e non preoccupanti.

Ne discende che una moderna rete di monitoraggio idrologico in tempo reale, da installare nelle aree potenzialmente interessate da eventi piovosi simili a quello del 1 ottobre 2009, deve essere molto fitta con almeno una stazione di misura per centro abitato e non per comune (il territorio comunale, infatti, comprende spesso varie frazioni ubicate in siti con differenti ma significative diversità morfologiche e orografiche).

Gli autori della presente nota sono convinti che il costo contenuto della rete di controllo idrologico e geoambientale, di evoluzione dello stato deformativo del suolo e/o del sottosuolo e dei piani di protezione dei cittadini non intralcerà questa concreta possibilità di incrementare la sicurezza e la tutela delle persone.

Franco Ortolani

Angelo Spizuoco

27 ottobre 2009

1.1.3.1 Cause perturbatrici generali

Ritornando al caso generale, possono essere considerate quali cause perturbatrici: la vetustà, le variazioni termiche e igrometriche e gli agenti atmosferici che inducono processi di degradazione tanto più celeri e profondi quanto più ad essi la materia è esposta. Inoltre, cedimenti o spinte del terreno inducono nelle murature smembramenti talvolta gravi e i sovraccarichi producono dei dissesti significativi se le strutture di sostegno sono insufficienti nelle sezioni o costituite da materiale non idoneo o mal connesso. Ad esempio, i cedimenti fondali, uniformi o differenziali, sono in genere dovuti all'abbassamento del piano di posa dell'edificio, a seguito dell'attingimento della portata massima del terreno di fondazione o alla presenza di deformazioni legate alla deformabilità del terreno stesso. I cedimenti del suolo e le conseguenti ridistribuzioni degli sforzi tra suolo e struttura, possono essere distinti in tre categorie:

- Cedimenti dipendenti da carichi direttamente trasmessi dalla costruzione;

90

- Cedimenti dipendenti da variazioni di carico nelle zone adiacenti (scavi);

- Cedimenti indipendenti dai carichi direttamente trasmessi dovuti, ad esempio, alla presenza di falde acquifere o ad effetti dinamici.

Inoltre, bisogna tenere in considerazione la posizione del cedimento; infatti cedimenti fondali centrali sono meno pericolosi dei cedimenti fondali laterali, o periferici, poiché diminuiscono le possibilità di collaborazione tra le strutture resistenti adiacenti.

In definitiva, i dissesti non sono altro che la manifestazione esterna di una crisi in atto riguardante l'intero fabbricato o una parte di esso e rappresentano un campanello d'allarme sullo stato di salute dell'organismo strutturale. Tuttavia, non sempre i dissesti sono associabili a imminenti condizioni di pericolo ma, a volte, rappresentano semplicemente il raggiungimento di una nuova configurazione di equilibrio che può essere altrettanto valida di quella precedente. Il passaggio successivo all'individuazione dei dissesti, perciò, sarà quello di stabilire se ad esso segue o meno una condizione di pericolo e di quale entità.

91

Ecco, quindi, che le indagini da effettuarsi su edifici, vanno inizialmente finalizzate alla ricerca delle cause perturbatrici e poi alla caratterizzazione strutturale.

Una prima strada percorribile in questo senso è effettuare, a seguito della mappatura dei dissesti, una "lettura" del quadro fessurativo sfruttando la corrispondenza esistente tra un dato dissesto e le modalità che esso ha di manifestarsi sotto forma di lesione. Dunque è proprio questo il passaggio in cui si riscontrano maggiori difficoltà, in quanto le strutture murarie si prestano poco ad un'analisi rigorosa e non sempre la correlazione tra causa ed effetto è facilmente identificabile: sta quindi al tecnico, alla sua preparazione e alla sua esperienza fornire quell'interpretazione necessaria a delineare la giusta diagnosi.

In prima analisi si può pensare di effettuare una suddivisione della tipologia del dissesto distinguendo i dissesti interni, derivanti esclusivamente da carenze strutturali delle membrature del sistema murario, da quelli esterni, dipendenti essenzialmente dai cedimenti del suolo interagente con le masse murarie.

Si classificano come dissesti interni:

- l'assestamento;

- lo schiacciamento;

- la pressoflessione;

- la spinta;

- la depressione delle strutture orizzontali;

- i turbamenti d'origine vibratoria e sismica.

I dissesti esterni generati da cedimenti, uniformi o differenziali, si manifestano sotto forma di moti delle strutture, di tipo relativo o assoluto; i primi inducono alterazioni nella forma del complesso perché variano le mutue distanze e il mutuo orientamento tra le particelle elementari; i secondi lasciano sostanzialmente invariata la forma dell'intero sistema, come:

- la traslazione verticale;

- la traslazione orizzontale;

- rotazione attorno ad un asse orizzontale giacente nel piano della base fondale.

I fenomeni di rotazione di una parete muraria possono essere causati da cedimenti differenziali del piano di fondazione della parete, oppure da spinte orizzontali ed hanno la caratteristica di aumentare considerevolmente con l'aumento della quota. Ad esempio, la rotazione della parte terminale della muratura collegata ad una muratura trasversale, in assenza di cedimenti verticali, produce lesioni verticali ubicate nella zona di separazione dei due corpi.

Una diversa classificazione tra i dissesti può essere fatta distinguendo tra i "dissesti di tipo diretto" e "dissesti di tipo indiretto". Appartengono al primo gruppo quei dissesti che interessano direttamente la struttura muraria portante, mentre al secondo gruppo appartengono quelli che interessano gli elementi costruttivi secondari e, pertanto, portati. Va sicuramente detto che i due tipi di dissesto, generalmente, coesistono; inoltre, quelli di tipo indiretto, pur non investendo la sicurezza dell'insieme strutturale, possono di per sé costituire un pericolo quando la loro caduta può provocare danno e rappresentano, comunque, il segno di un dissesto che può interessare o meno la struttura portante, la quale può invece aver sopportato uno stato deformativo senza manifestare segni esterni apparenti.

1.1.3.1.1 Messa a "nudo" della struttura di fabbrica

A volte, per rendersi conto del tipo di struttura muraria che è oggetto del nostro studio, non è da escludere l'asportazione generale dell'intonaco esterno e/o interno del fabbricato.

A questa maniera è possibile individuare le diverse "lavorazioni" che nel tempo hanno interessato il fabbricato e l'incidenza che hanno avuto le maestranze più o meno qualificate che sono intervenute sulla struttura di fabbrica.

Nella foto di cui innanzi sono individuabili almeno tre tipologie diverse di muratura - A. Spizuoco 2014

Con l'asportazione dell'intonaco, ci si è reso conto che

l'edificio nel tempo ha subito diversi interventi di

ristrutturazione - A. Spizuoco 2014

Nella fattispecie l'intonaco "occultava" l'esistenza di un arco successivamente "murato" - A. Spizuoco 2014

Evidentemente le quote degli impalcati originari erano molto diverse da quelle rinvenute durante i lavori

L'asportazione d'intonaco ha messo in mostra l'esistenza di un arco, "murato" non a regola d'arte, con inserito un "arcotrave" in legno che evidentemente in epoca non recente consentiva il passaggio tra un vano e quello adiacente - A. Spizuoco 2014

Dall'analisi di quanto rinvenuto in sito fu possibile "appurare" che la struttura muraria, in epoca pregressa comunque aveva subito un dissesto non di lieve entità

A. Spizuoco 2014

Nella foto innanzi, l'asportazione d'intonaco ha consentito di rilevare la presenza di due strutture murarie completamente diverse che evidenziano un ampliamento eseguito a fianco di una muratura "caotica".

Fotogramma da cui si evince la presenza di varie "tessiture" della struttura muraria - A. Spizuoco 2014

L'asportazione dell'intonaco interno ha messo in evidenza la realizzazione di muratura listata non presente nei setti murari "originari" ed aperture di vani eseguite con cerchiature successivamente "murate" - A. Spizuoco 2014

Diverse tipologie di tessitura muraria ed architravi in ferro realizzate su architravi in legno rimaste in posto.

A. Spizuoco 2014

Va segnalato che, spesso, le fessurazioni negli intonaci sono causate dalla presenza di legni annegati nel muro per i più svariati motivi che, possono "spaziare" dalla ripartizione dei carichi alla chiusura di vecchie aperture di vani con architravi in legno.

1.1.3.2 Le lesioni ricorrenti negli edifici in muratura

In questo lavoro, si intende passare in "rassegna" quelle lesioni ricorrenti e le patologie che più frequentemente si incontrano nella pratica professionale, precisando che in materia di dissesti nessuna di esse è subalterna ad un'altra per importanza.

Resta assodato che una trattazione esaustiva del problema dei dissesti richiederebbe molto più dello spazio dedicatole in queste pagine ed in quelle che seguiranno, oltre che un grado di approfondimento sicuramente non consono al contesto a cui è rivolta la presente attività. Per questi motivi si intende fornire quelle basi concettuali necessarie ad affrontare i capitoli che seguiranno lasciando al lettore gli opportuni approfondimenti reperibili sui manuali di riferimento che trattano in maniera più dettagliata ed approfondita gli argomenti in esame. Quello da cui, però, non ci si risparmierà, sarà arricchire l'esposizione degli argomenti, per quanto possibile, inserendo, di volta in volta, quelle indicazioni e quegli espedienti pratici frutto di quel grado di sensibilità che si è avuto modo di acquisire durante l'attività di libero professionista.

I dissesti statici possono, dunque, manifestarsi nelle strutture sotto forma di:

103

- moti rigidi;

- lesioni.

Il moto rigido altera lo stato tensionale nelle strutture murarie e nelle fondazioni per gli spostamenti dei carichi rispetto alle sezioni resistenti e, quando ciò si verifica, le strutture murarie mutano la loro posizione senza, tuttavia, mutare di forma.

Nelle masse murarie perturbate il regime degli sforzi interni subisce delle graduali variazioni dovute all'avvicendarsi dei successivi stati di equilibrio nel progredire del dissesto e, dei processi di contrazione e dilatazione del materiale, variabili da punto a punto. Se durante queste variazioni si verifica che in un punto del solido la dilatazione supera i limiti della tolleranza alla coesione del materiale, in tale punto si stabilisce una soluzione di continuità che si propaga, fino ad apparire in superficie sotto forma di fessurazione. Si stabilisce così, la fase di originaria rottura.

La lesione è, come già detto, la manifestazione esteriore, in linea di principio percepibile e permanente del dissesto statico che l'ha provocata.

La percepibilità della manifestazione può essere vincolata allo stato di progressione del fenomeno; infatti, se ci si trova in stato primordiale, o addirittura di innesco del fenomeno lesionativo, è molto facile che esso sia in atto negli strati più interni del pacchetto tecnologico della muratura; esso può restare celato, ad esempio, sotto gli strati di intonaco fino a che per diffusione non giunga ad interessarli. Altri casi di "allarme tardivo" possono scaturire in tutti quei casi in cui si è in presenza di controsoffitti che possono celare l'intradosso di solai o di superfici voltate interessati da fenomeni lesionativi.

Risulta, dunque, di fondamentale importanza la fase di ispezione conoscitiva, da affrontare, sempre, con la massima attenzione e senza lesinare sull'accuratezza della stessa, ricorrendo, ove sufficiente, all'ispezione diretta, ove necessario, all'ausilio di strumentazioni di indagine in grado di fornire quelle informazioni celate al solo occhio umano.

Durante il primo sopralluogo occorre definire il quadro fessurativo della costruzione, rilevando la posizione e la forma delle lesioni, con particolare riferimento alla loro ampiezza ed estensione.

Va considerato che la lesione si manifesta, in prima istanza, come "capillare" per poi passare a stadi successivi che pervengono a completo distacco, tanto da poter essere classificata in "fessura" e successivamente in "frattura" vera e propria. Cronologicamente, la frattura ha inizio con una prima fase detta capillare a causa del suo piccolissimo sviluppo in ampiezza; segue, poi, una fase denominata capillare progredita in cui l'ampiezza inizia ad aumentare, giungendo infine alla fase di completo distacco: è importante, dunque, studiarne l'evoluzione nel tempo.

Ciò può essere fatto tramite semplici attrezzi, come "biffe", fessurimetri e/o deformometri mediante i quali è possibile caratterizzare l'andamento nel tempo della lesione. Prima di procedere con il monitoraggio della lesione con le attrezzature di cui innanzi, è opportuno stabilire la natura più o meno recente di una lesione. A questo proposito, l'esperienza insegna che, ad esempio, le fratture "vecchie" si presentano annerite dal tempo, polverose, con bordi delle ciglia arrotondati e, non raramente, presentano residui di ragnatele; quelle recenti, invece, si presentano prive di polvere, fresche, chiare, con superfici di rottura di tipo cristallino e con bordi taglienti. La presenza di ambienti umidi, inoltre, potrebbe determinare l'insorgere di muffe che possono far apparire la lesione meno recente di quanto in realtà sia.

Ovviamente, con queste valutazioni qualitative, è possibile soltanto stabilire se le fratture sono recenti oppure no, ma non è possibile stabilire una datazione temporale delle formazioni delle stesse, a meno di conoscere la data degli eventi che le hanno generate.

Dal punto di vista morfologico, le lesioni possono apparire sotto forma di deformazioni oppure di fessurazioni, entrambe coesistenti nello stesso organismo murario. Si parla di lesioni di deformazione della muratura quando, a seguito dell'insorgere di stati tensionali anomali, questa subisce un cambiamento di forma. Tale condizione si verifica ove si abbia, ad esempio, un cedimento di tipo fondazionale con un conseguente spostamento relativo tra le varie parti della struttura muraria. Il cambiamento di forma della struttura muraria può manifestarsi sia nel proprio piano, che fuori, con uno schiacciamento della parete. Le lesioni di fessurazione nella struttura muraria si manifestano, invece, con delle soluzioni di continuità nella massa per rottura del materiale murario, cioè con uno spostamento relativo di punti del materiale originariamente continuo.

La differenza netta tra lesioni, fessurazioni e fratture risiede nel fatto che le prime insorgono nelle fasi precedenti a quella di originaria rottura e sono compatibili con la continuità della massa che, prima di rompersi, subisce delle deformazioni elastiche e plastiche; le seconde, invece, si presentano nelle fasi deformative più progredite e le terze sono la manifestazione di una evidente soluzione di continuità ove non c'è "contatto" tra i bordi opposti della "frattura". Il modo in cui si evolve la deformazione plastica e quello in cui inizialmente la soluzione di continuità si propaga nell'intorno del punto fino alla superficie, la forma che essa assume sulla superficie stessa, l'andamento e l'ampiezza delle fessurazioni, variano a seconda del tipo di perturbamento che ha provocato la deformazione plastica o la fase di originaria rottura. Si può, perciò, concludere che, conoscendo l'aspetto della lesione caratteristica di un certo dissesto, quando essa si individua su di un solido murario, si può risalire automaticamente al dissesto che l'ha provocata.

Le lesioni possono raggrupparsi in diverse classi:

    a) lesioni di assestamento;

b) lesioni di cedimento;

c) lesioni di trazione;

d) lesioni di schiacciamento;

e) lesioni di presso-flessione;

f) lesioni relative e/o conseguenti a dissesti delle strutture orizzontali;

g) lesioni dovute ad azioni sismiche.

1.2.1.1 Problematica elementare sul singolo pannello murario

Si ritiene indispensabile, per comprendere i fenomeni di dissesto negli edifici in muratura, innanzitutto capire la problematica elementare sul singolo pannello.

Passiamo, perciò, ad analizzare le lesioni che si manifestano sul pannello "isolato".

Va studiato il pannello distinguendo, a parità di spessore, tra il caso "snello", ovvero il pannello che presenta un'altezza predominante rispetto la larghezza e quello "tozzo", in cui il rapporto tra base ed altezza è prossimo ad 1 o maggiore.

In primo luogo si ritiene molto utile riportare il comportamento di un pannello murario "quadrato".

Considerando un pannello murario di dimensioni BxH con B pressoché uguale ad H (vedi Fig.a), se le lesioni sono posizionate nella parte alta (tipo1), possiamo dire che siamo in presenza di cedimenti di fondazione.

Se le lesioni sono posizionate nella parte bassa (tipo2) possiamo dire che esse sono state prodotte da un fenomeno sismico.

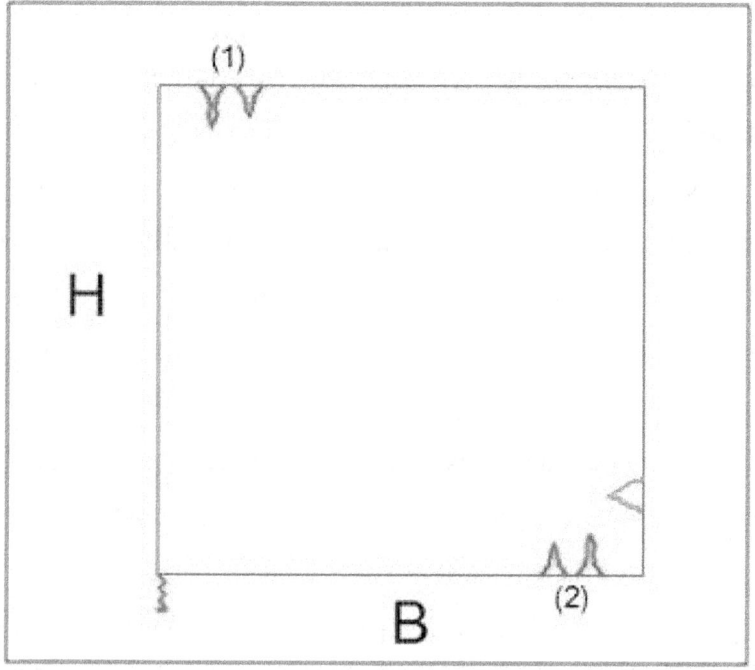

Figura a.

Assegnando un cedimento verticale nel punto A del pannello (nell'ipotesi di rotazione impedita per effetto di maschi murari presenti alle estremità del pannello, ovvero nell'ipotesi di deformazione rigida) si può ritenere che il dissesto sia soltanto verticale. In questa condizione il pannello assume la configurazione "tratteggiata" (vedi Fig.b). Questa configurazione comporta un "accorciamento" della diagonale BD ed un allungamento della diagonale AC.

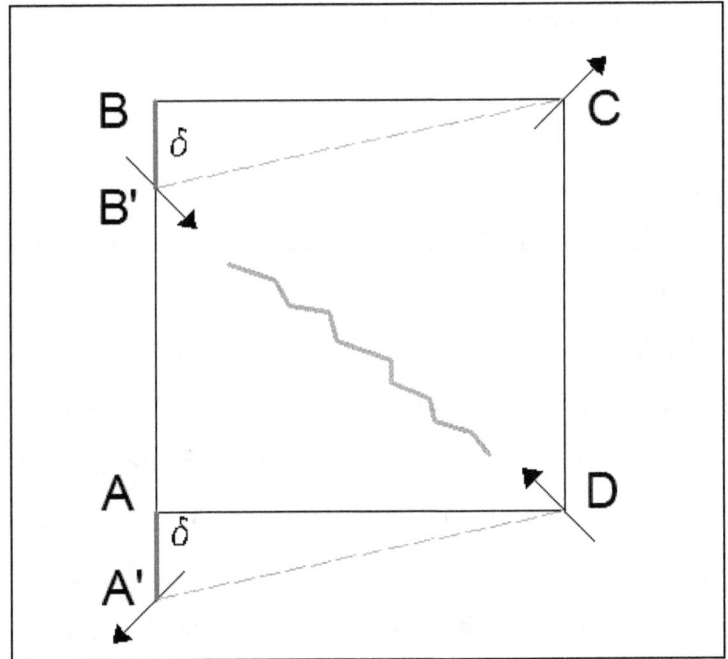

Figura b.

111

L'accorciamento induce sforzi di compressione mentre l'allungamento sforzi di trazione. Poiché la muratura non è in grado di resistere a sforzi di trazione si produce una frattura inclinata di circa 45 gradi rispetto all'orizzontale ossia perpendicolare alla diagonale A'C.

Tracciando quindi un vettore verso il basso con direzione normale ad una lesione si individua subito il vertice che ha ceduto e che ha originato la lesione nel pannello.

1.2.1.2 Simulazione del Sisma applicato al singolo pannello murario

Simulando il sisma applicando al pannello una forza orizzontale in testa, nella precedente medesima ipotesi di deformazione rigida si osserva un fenomeno di allungamento e di accorciamento delle diagonali del pannello. Accorciamento per gli sforzi di compressione ed allungamento per quello di trazione. Anche in questo caso per la presenza di uno sforzo di trazione, si ha una lesione perpendicolare all'azione di trazione (vedi Fig.c).

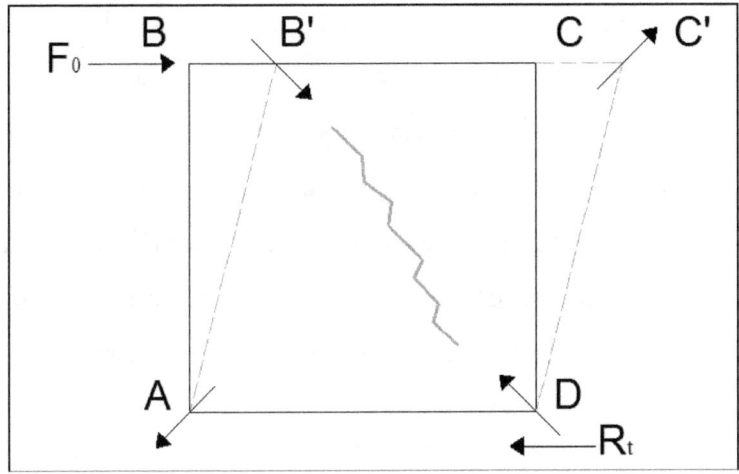

Figura c.

Quindi dalla direzione della lesione si può risalire alla direzione della forza sismica che ha prodotto la lesione e da questa alla reazione (Rt) del piano di posa della fondazione il cui verso ci indica la posizione contraria a quella dell'epicentro.

Osserviamo, però, che la stessa lesione può essere determinata dal cedimento del vertice A come nel caso precedente.

113

Sorge, quindi, la necessità di riconoscere l'evento che l'ha generata.

Nel caso di forti eventi sismici, giacché si è in presenza quasi sempre di un evento ondulatorio con eccesso di energia, questo eccesso di energia provoca l'apertura di una nuova lesione per cui le lesioni si manifestano a croce di sant'Andrea (vedi Fig.d) ovvero lungo entrambe le diagonali, anche se non è detto che ciò debba accadere per forza.

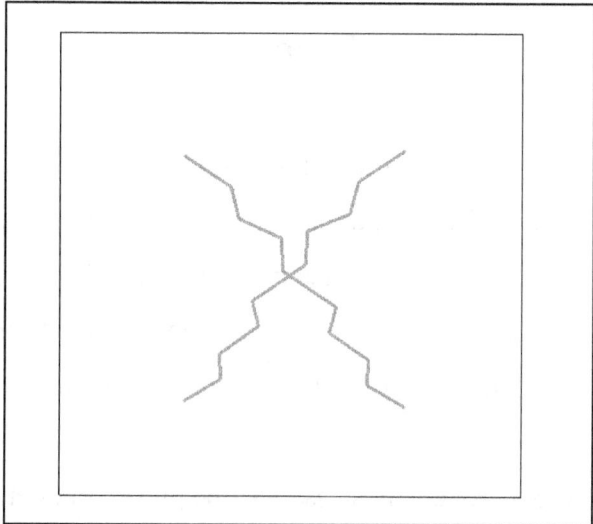

Figura d.

114

Questo perché come su innanzi riportato, soltanto in presenza di un forte evento sismico abbiamo una morfologia di questo tipo e in tal caso la prima apertura che si genera è quella più grande per cui individuandola si può risalire indicativamente alla posizione dell'epicentro che ha generato il sisma.

1.2.1.3 Lesioni da sisma.

Il sisma si manifesta sulla struttura come un evento oscillatorio e può essere di tipo ondulatorio quando l'edificio è molto distante dall'epicentro e di tipo ondulatorio e/o sussultorio quando si è vicino alla fonte energetica.

Il comportamento effettivo delle strutture in muratura, per la scarsa tenuta dei collegamenti tra impalcati e murature, è quasi sempre schematizzabile a mensola, più precisamente a mensola con sezione variabile in quanto i muri sono quasi sempre rastremati nel passare al piano superiore.

Nel caso di pannello "snello" ossia "verticale" il suo comportamento sotto sisma è a mensola per cui il sisma fa registrare il massimo spostamento in testa al pannello ed il massimo momento flettente all'incastro al piede. In questa situazione si manifestano lesioni laterali alla base del pannello (vedi Fig.1).

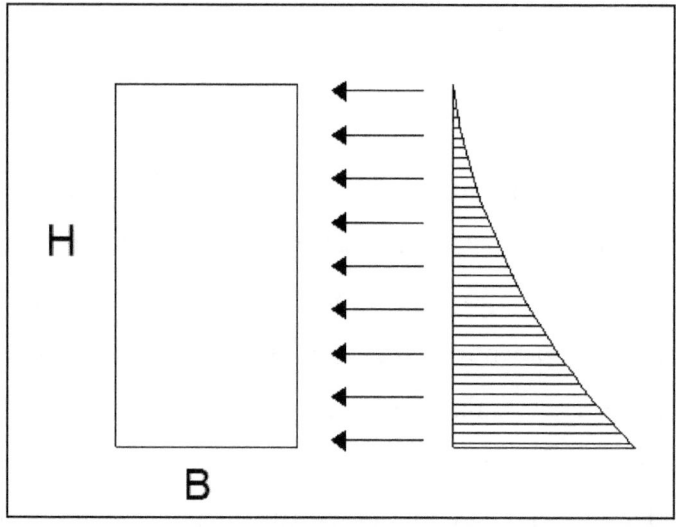

Figura 1.

Quando le sollecitazioni da flessione sono troppo elevate, è opportuno demolire uno o due piani dell'edificio in modo da ridurre i momenti al piede del fabbricato.

Nel caso di pannello "orizzontale" (Fig.2) ossia con la lunghezza preponderante sull'altezza, si ha che il sisma, generalmente, non è in grado di innescare sollecitazioni pericolose sul pannello.

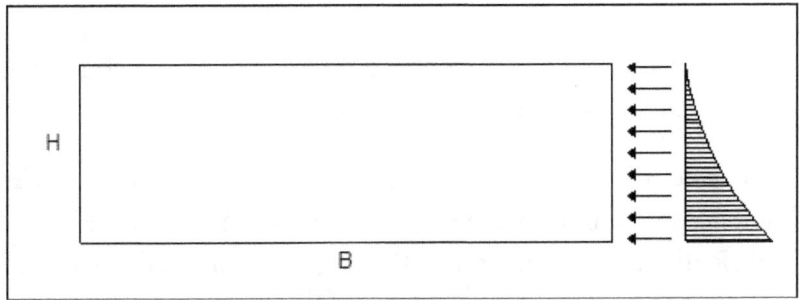

Figura 2.

1.2.1.4 Considerazioni "pratiche" sulle lesioni da sisma

I terremoti violenti "squarciano" i manufatti in modo variegato e producono principalmente fenomeni di ribaltamento e di flessione.

Da osservazioni dirette dello scrivente (sisma Irpinia 1980, Abruzzo 2009, Ischia 2017, ecc.) il terremoto si manifesta con un moto sussultorio all'epicentro e con un moto ondulatorio nelle zone più distanti. All'epicentro, ove le onde sono più rapide, i danni usualmente sono più gravi, mentre ove i fabbricati sono investiti da onde ondulatorie, di norma i danni sono più lievi.

Si è avuto modo di osservare anche che in pratica le scosse telluriche avvengono sempre nella stessa direzione per cui i fabbricati vengono sollecitati da terremoti successivi, sempre alla stessa maniera.

117

Un'altra considerazione scaturita dall'osservazione diretta è che le lesioni dei fabbricati avvengono perpendicolarmente ai raggi sismici dei fronti d'onda.

Le pareti normali ai fronti d'onda, pertanto, sono più danneggiate dalle scosse ondulatorie.

Alla luce di questa considerazione, in zona sismica, per contenere i danni da sisma sarebbe opportuno orientare nuovi fabbricati in modo che l'urto sismico sia assorbito "diagonalmente" dal fabbricato.

Le pareti murarie perimetrali disposte normalmente al fronte d'onda si distaccano più facilmente dai muri trasversali ribaltandosi "fuori piano" scoprendo l'interno delle abitazioni.

Le lesioni che si manifestano nei fabbricati in muratura, in linea di massima possono raggrupparsi i tre categorie:

- lesioni da scosse sussultorie forti, che producono lesioni o rottura catenaria;
- lesioni da scosse ondulatorie, che producono lesioni inclinate verso la direzione della spinta sismica;
- lesioni da scosse sussultorie lievi, che producono lesioni paraboliche.

Le lesioni a "catenaria", essendo prodotte da un urto violento dal basso verso l'alto, tendono a staccare la parte terminale dell'edificio approssimativamente secondo una catenaria.

Questo fenomeno si è verificato in Abruzzo sia in occasione di sismi remoti che per quello recente.

Le lesioni inclinate verso la direzione della spinta sismica, generalmente, si riscontrano nei muri di facciata paralleli alla direzione della pulsazione sismica.

Le lesioni paraboliche, sono prodotte dal cedimento del piano fondale che a seguito del sisma determina un fenomeno di assestamento che può differenziarsi anche nel tempo.

"Catenaria" per effetto del sisma aprile 2009 Onna (AQ).
A. Spizuoco 2009

Estremità dex di "catenaria". A. Spizuoco 2009

Estremità six di "catenaria". A. Spizuoco 2009

1.2.1.1.1 Testimonianze e considerazioni derivanti da eventi tellurici recenti

Io stesso posso essere valido testimone di quella che è la violenza distruttrice che si scatena sulla superficie terrestre a seguito dei movimenti tellurici; faccio riferimento, in particolare, al terremoto dell'Aquila del 2009 che ho avuto modo di analizzare in qualità di studioso della materia (A. Spizuoco, Workshop "Il Terremoto Aquilano dell'aprile 2009: primi risultati e strategie future"; Università G. D'Annunzio Chieti-Pescara) e al fortissimo sisma che, avendo avuto il suo epicentro in Irpinia nel Novembre 1980, provocò danni e vittime anche nelle regioni circostanti colpendo, sia pure in modo non grave, il territorio dell'agro nolano e San Vitaliano (NA), il paese in cui abito.

Posso assicurare i lettori che sono attimi di un terrore indicibile perché si ha l'impressione, fondata, che tutto possa rovinare all'improvviso sommergendoti sotto un cumulo di macerie.

Nel 2008 furono varate nuove Norme Tecniche che prevedevano l'abbandono del criterio di calcolo delle "tensioni ammissibili" per far posto al metodo degli "stati limiti" e ciò rivoluzionando la modalità di applicazione delle sollecitazioni sismiche alle strutture e le conseguenti progettazioni e verifiche di calcolo.

Con la nuova Normativa Tecnica fu stabilito che i valori delle accelerazioni entranti in gioco fossero decisamente più alti e più veritieri rispetto a quelli utilizzati fino al 2008.

Questo perché il coefficiente "c" fornito dall'antecedente normativa pari a (S-2)/100 non era altro che un parametro empirico scaturito dall'esperienza dei terremoti storici verificatisi in Italia e all'epoca usato impropriamente da diversi operatori del settore, come accelerazione di base (F.Ortolani-A.Spizuoco-S.Pagliuca, Università Federico II 1992; Geologia Tecnica Territoriale in aree Sismiche: problematiche connesse alla valutazione dell'amplificazione sismica locale).

Per moltissime strutture non si verificarono effetti disastrosi, perché essendo esse calcolate con il metodo delle tensioni ammissibili (A. Spizuoco, LER 1998; Lezioni sul c.a.) e ben costruite, avevano ancora una notevole riserva di resistenza.

Tale comportamento, sarebbe stato diverso se le calcolazioni fossero state condotte con il metodo agli stati limiti.

123

La Normativa tecnica ha fatto, nel frattempo, notevoli passi in avanti anche se sono del parere che alcune indicazioni vanno comunque rivisitate, così ad esempio non è idoneo classificare, ai fini sismici, i terreni nel sottosuolo in base ai valori della velocità equivalente Vs30 di propagazione delle onde di taglio riferita ai primi 30 metri di profondità, per valutare l'amplificazione sismica locale di un terremoto ed anche perché questo parametro indicato dalla Normativa non è da ritenersi, incontrovertibilmente, attendibile per essere utilizzato al fine di valutare l'amplificazione sismica; elemento quest'ultimo che costituisce la base di partenza per tutti i calcoli di verifica e progettazione dei fabbricati. Occorrerebbe stabilire la funzione di amplificazione del moto nel sottosuolo, dal bedrock alla superficie del piano campagna e al limite nel caso in cui il bedrock sia molto profondo, tenere presente che l'accelerazione in superficie è (salvo casi particolari) in genere, influenzata dal comportamento dei terreni presenti nei primi 100 metri di profondità (non nei primi 30 metri come stabilito dalla Normativa senza il supporto di validi elementi scientifici) e ciò in riferimento alla lunghezza delle onde sismiche e alla tipologia di fondazione (A. Spizuoco, Università degli Studi Federico II 2012; Elemento di fabbrica: Fondazione).

Bisogna avere il coraggio di dire che si eseguono raffinatissimi calcoli di strutture sulla base di parametri empirici privi di validi accreditamenti scientifici ma che sono adoperati per determinare il fattore di amplificazione di un terremoto, ossia in ultima analisi per decidere l'accelerazione d'impatto sul fabbricato, da utilizzare per i calcoli delle strutture.

E' deducibile, per quanto detto in precedenza, che tutti gli interventi edilizi effettuati in zone "riclassificate sismicamente" con ritardo e a "ricostruzione" avvenuta, siano stati realizzati con criteri antisismici insufficienti perché eseguiti in funzione di una sollecitazione sismica inferiore, ovvero sottostimata rispetto all'entità del pericolo successivamente valutato.

Se prendiamo, poi, in considerazione gli ulteriori sviluppi normativi, si arriva alla conclusione che per gli edifici antecedentemente costruiti, specialmente per quelli di antico impianto (A. Spizuoco, Università degli Studi Federico II; Indagini e Tecniche di intervento per il Consolidamento di

Edifici in muratura di antico impianto), comunque non c'è da stare tranquilli.

Alla luce di quanto innanzi riportato, si è della convinzione che sia indispensabile una "rivisitazione" di tutti gli edifici strategici costruiti prima del 2008 per poi passare a quelli adibiti a civili abitazioni per tutte quelle zone in cui si è consentita l'edificazione con norme inadeguate.

Per onestà intellettuale va detto anche che per modellare accuratamente la forma dello "spettro" per uno specifico terremoto sarebbe necessario almeno conoscere: le dimensioni della faglia che genera il terremoto, il percorso delle onde sismiche dall'ipocentro al sito in esame e le proprietà geotecniche, ma meglio ancora quelle dinamiche (A. Spizuoco – F. Aprile, Università Federico II 1992; Parametri Statici e Dinamici dei terreni Superficiali) dei materiali attraversati dalle onde sismiche lungo il percorso.

La verità è che nessuna di queste caratteristiche è nota con idonea accuratezza.

Un modo possibile indicato dalla normativa per far fronte alla "problematica" è quello di utilizzare l'analisi delle "carte di pericolosità sismica" (costruite sulla base di un metodo probabilistico) per definire i terremoti di riferimento.

Carte di pericolosità sismiche derivanti dai dati riportati nel catalogo sismico (elenco dei terremoti noti dall'anno 1000 ad oggi), dalla geometria delle zone sismogenetiche e dalle leggi di attenuazione per stimare lo scuotimento in un dato sito.

Fare affidamento, indiscutibilmente, su queste carte ritenendole "sic et simpliciter" rappresentative di possibili scuotimenti sismici futuri, potrebbe essere una pura "illusione".

Questo per diversi motivi tra cui per primo va segnalato che il catalogo sismico è riferito ad una serie di terremoti riguardanti circa un migliaio di anni con dati "significativamente accettabili" dal 1500 in poi (quando i tempi per "ricaricare energeticamente" una faglia sono dell'ordine di centinaia o di migliaia di anni); per secondo motivo, i terremoti tendono a raggrupparsi sia spazialmente che temporalmente e ciò sta a significare che sono privi del fattore essenziale della "stazionarietà".

Qualche "parola" obbligatoriamente va "spesa" anche in riferimento alla attendibilità dei dati, storici ed attuali, che vengono divulgati dalle fonti ufficiali e ciò con particolare riferimento all' INGV (Istituto Nazionale Geofisica Vulcanologia).

Questo perché per tutti i più recenti ed importanti eventi abbiamo assistito al ripetersi di una incredibile "inattendibilità" dei dati ufficiali forniti dall'INGV.

Dati puntualmente "rivisti e sconfessati" soltanto per merito di alcuni studiosi del settore, che immediatamente dopo la divulgazione dei dati dell'INGV hanno "contestato" pubblicamente questi dati. Ha destato più di un motivo di preoccupazione quanto divulgato dall'INGV subito dopo il sisma dell'Aquila, di Amatrice e di Ischia.

Infatti in occasione del triste evento verificatosi all'Aquila, l'INGV in prima istanza divulgò la notizia che il sisma aveva fatto registrare una Magnitudo di 5.8 a fronte di ciò, lo scrivente analizzando i danni prodotti dal sisma contestò i dati ufficiali che furono "rivisitati" e ciò fu definitivamente acclarato dagli interventi fatti dallo scrivente presso l'Università di Chieti-Pescara ove al cospetto di circa 400 studiosi della materia provenienti da ogni parte del globo spiegò per quale motivo i dati dell'INGV erano errati e che l'accelerazione al suolo da me stimata, immediatamente dopo l'evento sismico principale, era dell'ordine di 0.40g. Agli stessi valori giunsero gli scienziati inglesi della GEER Association con il calcolo condotto per il cimitero dell'Aquila. Per il sisma di Amatrice capitò una cosa simile e per il sisma di Ischia si è addirittura rasentato il "grottesco" giacché Le "rettifiche" dell'INGV furono troppe: la prima magnitudo diffusa fu del 3,6 poi corretta a 4; l'epicentro fu collocato a mare a 10 chilometri di profondità e poi a 5; poi, ancora a 2,5 chilometri dalla costa e poi a 3km ed infine contraddicendo integralmente tutto quanto detto prima, il sisma fu posto a una profondità di 1,7 chilometri e sotto la terra ferma anziché a mare come varie volte in precedenza comunicato. L'unico dato "confermato" fu quello relativo alla magnitudo 4 della scala Richter.

Di fronte alla pubblicazione di questi dati ci fu una levata di "scudi" di alcuni studiosi della materia (Ortolani, Luongo e lo scrivente) che a ragion veduta spiegarono perché quanto divulgato dall'INGV era totalmente errato.

In particolare Ortolani subito dichiarava: "L'epicentro del sisma di Ischia di lunedì scorso non è in mare, a 3km dalla costa, ma sotto Casamicciola, proprio come nel 1883, con una velocità di scuotimento del suolo di quasi 18 centimetri al secondo".

Aveva messo subito in dubbio i dati diffusi dall'Istituto Nazionale di Geofisica e Vulcanologia, rilanciati con troppa fretta e superficialità dai media di grido, e ci aveva visto giusto ancora una volta.

I super esperti dell'INGV avevano preso una cantonata pazzesca !!!

Ortolani, stimatissimo ordinario di Geologia presso la Federico II di Napoli, a poche ore dal sisma, in un post su facebook, smentì subito la vulgata "ufficiale" scrivendo: "A Lacco Ameno e Casamicciola ci sono delle fratture sul suolo non imputabili a frane ma, con buona probabilità, al movimento delle rocce per scuotimento, dovuto all'attivazione della struttura sismogenica, tipico di zone colpite in verticale e cioè zone che si trovano sopra la faglia". E ancora: "La struttura sismogenetica è a poca profondità, le sollecitazioni ondulatorie e sussultorie colpiscono quasi simultaneamente la superficie, quindi ci vogliono tecniche più efficaci del solito per mettere in sicurezza i manufatti, che già sono di scarsa qualità".

Con un nuovo "post", subito dopo il sisma, dall'eloquente titolo "Particolarità del Terremoto di Ischia del 21 agosto 2017", il professore ricostruì minuziosamente i passaggi di una vicenda che non poteva passare inosservata. E riportava:

l'ing. Angelo Spizuoco con il quale abbiamo eseguito ricerche sul terremoto dell'Aquila trovando evidenze strutturali di danni attribuibili al simultaneo sopraggiungere di onde P e onde S ha scritto oggi su FB: "il terremoto di Ischia ha fatto registrare una concentrazione di energia su una piccola superficie. Ciò sta a significare che le onde sismiche P ed S sono giunte in superficie quasi simultaneamente".

Nello stesso modo il sottoscritto scriveva:

"INGV e Sisma di Ischia: non c'è due senza tre !!! Già per il sisma dell'Aquila, durante il Simposio Internazionale sul sisma in Abruzzo tenutosi all'Università Chieti-Pescara, fui costretto a smentire l'INGV dichiarando e dimostrando che l'accelerazione sismica calcolata dall'INGV era errata e così i dati ufficiali vennero riveduti e corretti. Successivamente è avvenuta una cosa simile per il sisma di Amatrice e adesso per Ischia ci ritroviamo in piena polemica tra l'INGV (Istituto Nazionale di Geofisica e Vulcanologia) e quanto sostengono Luongo ed il mio amico Franco Ortolani . . . . omissis. . . ., mi vedo costretto anche in questo caso a riportare il mio pensiero che non si discosta da quello di Luongo e Ortolani: il terremoto di Ischia ha fatto registrare una concentrazione di energia su una piccola superficie. Ciò sta a significare che le onde sismiche P ed S sono giunte in superficie quasi simultaneamente. Questo è giustificabile soltanto se l'ipocentro è a breve distanza dalla zona "colpita" in superficie. L'INGV ha localizzato l'ipocentro a 5km di profondità e a 3km dalla costa. Quanto registrato in superficie non è congruente con l'individuazione dell'ipocentro a mare a 5km di profondità. Ciò è avvalorato dal fatto che non c'è alcuna evidenza dell'innesco di un'onda anomala e/o piccolo tsunami che si sarebbe dovuto verificare se veramente l'ipocentro fosse stato a mare. È verosimile, invece; che l'ipocentro sia localizzato nell'entroterra a poca distanza dai danni riscontrati in superficie per effetto di un terremoto con bassa energia (come nella fattispecie) ma molto superficiale. Non so come l'INGV ha determinato la localizzazione dell'ipocentro, ma alla luce degli effetti sul territorio è poco credibile la localizzazione individuata. Del resto un ipocentro nell'entroterra in prossimità del monte Epomeo, sarebbe in linea con tutti i terremoti storici verificatosi in passato. Tra l'altro una localizzazione a mare dell'ipocentro a 5km di profondità e a 3km dalla costa presupporrebbe una nuova formazione sismogenetica che avrebbe dovuto produrre un terremoto di grande intensità con effetti devastanti sulla costa. Evento quest'ultimo non verificatosi.

Spero di essere stato abbastanza esauriente !!!".

Dopo questa "carrellata" di controversie con l'INGV, a fronte dell'ultima sensazionale comunicazione effettuata da questo Ente e riguardante lo specifico territorio del Matese, sono del parere che bisogna andarci "cauti" con l'interpretazione di quanto divulgato, ultimamente, dall'INGV.

Corre l'obbligo, perciò, di segnalare (anche perché ciò ha destato un allarme indescrivibile nei "media" e tra la popolazione interessata) che la sensazionale ed allarmante "scoperta" (annunciata dai ricercatori dell'Università di Perugia e dall'INGV) di aver "rinvenuto" magma al disotto del Matese a circa 25km di profondità non aggiunge nulla di nuovo a quanto già si sapesse. Infatti, è risaputo che oltre una certa profondità il magma è ovunque presente. Poi per quanto riguarda la risalita di magma e/o di fluidi magmatici che abbiano provocato (a dire dei ricercatori dell'Università Umbra e dall'INGV), i terremoti del Matese del dicembre 2013 e gennaio 2014, va detto che niente è veramente certo!

Anche ulteriori affermazioni dei ricercatori, alimentano soltanto una "ambigua" interpretazione.

Si legge, infatti, "studiando una sequenza sismica anomala, avvenuta nel dicembre 2013 e gennaio 2014 nell'area Sannio-Matese con magnitudo di 4.9, abbiamo scoperto che questi terremoti sono stati innescati da una risalita di magma nella crosta tra i 15 e i 25 chilometri di profondità".

Poi successivamente, viene corretto il "tiro" perché si legge ulteriormente: "Ma i terremoti come la sequenza del Matese sono eventi sporadici (quasi a significare che se è stato preso un "abbaglio" ciò è dovuto ai pochi dati a disposizione) ed è difficile determinare se a risalire sia direttamente magma o gas che viene premuto verso l'alto dal magma sottostante. Quello che noi osserviamo è l'anidride carbonica che risale in superficie, mentre di quel che si trova sotto abbiamo solo un'idea approssimativa".

Nella ricerca si legge: "Tuttavia, la nostra capacità di rilevare e ricostruire le dinamiche a breve termine relative agli episodi intrusivi attivi nelle catene montuose è embrionale. Mancano segnali geofisici riconosciuti".

Ed ancora: "Tuttavia, sebbene il processo di trasferimento di magma sulla superficie terrestre durante le eruzioni vulcaniche sia relativamente ben noto, quelli relativi alla collocazione di corpi invasivi nelle catene montuose rimangono enigmatici, perché mancano registrazioni di tipo geofisico e segnali geochimici."

Intanto per queste "aleatorie" affermazioni scaturenti da pochi e incerti dati di supporto, si è verificato un "procurato allarme" non indifferente nella popolazione interessata e nei Sindaci della valle Telesina e di Benevento. Figuriamoci cosa sarebbe successo se questo "annuncio" avesse interessato la zona vulcanica di Napoli ove vivono 2 milioni di persone.

Sui media c'è stato un bombardamento continuo definendo questa ricerca "una inquietante scoperta" riguardante la sicurezza del territorio del Matese e dintorni.

Sul link dove l'INGV (Istituto Nazionale Geofisica Vulcanologia) presenta i risultati della ricerca in pratica si afferma:

Trovate sorgenti di magma sotto l'Appennino meridionale, zona Matese, magma che è stata la causa dei terremoti nel Matese per effetto della formazione di nuove "faglie" nel sottosuolo createsi per l'azione esercitata dalla pressione verso l'alto del magma rinvenibile entro la crosta terrestre o nella parte alta del mantello a profondità variabili tra i 15 e i 100 km che viene "premuto" verso l'alto.

E' appena il caso di precisare, per i profani della materia, che con il termine "faglia" si definiscono grandi fratture (con reciproco spostamento dei blocchi adiacenti alla frattura medesima), che si riscontrano nella crosta terrestre e nel mantello superiore.

Viene affermato che "Le sorgenti di magma o di gas presenti nelle profondità degli Appennini generano una pressione così forte in grado di spaccare le rocce o anche sollecitare le spaccature già esistenti, provocando di conseguenza terremoti "normali" (ovvero di origine tettonica)".

A seguito di quanto innanzi, penso che occorra fare un po' di chiarezza.

Le rocce nel sottosuolo sottoposte a forte pressione come nella fattispecie acquisiscono proprietà plastiche che impediscono la risalita di magma (meccanismo ben diverso da quello che si innesca in un apparato vulcanico). A 25 km di profondità le rocce plastiche si deformano, invece di fratturarsi repentinamente. Gli autori della ricerca affermano che il sisma non è stato causato da tensioni sulle faglie, bensì da magma in risalita.

Affinché ciò sia vero, il magma per provocare il terremoto ha dovuto superare la tensione di rottura delle rocce sovrastanti generando nuove faglie. In definitiva si afferma che il terremoto è stato provocato da risalita di magma e non da faglie. Quindi per essere vero ciò, la risalita di magma avrebbe dovuto superare la tensione di rottura della crosta sovrastante.

Ma i ricercatori nulla riportano per quanto riguarda la pressione del magma che avrebbe comportato la rottura della crosta.

Pressione che dovrebbe essere stata superiore alla pressione di "rottura" dello strato superiore. Se ciò fosse avvenuto vi dovevano essere come riscontro anche deformazioni in superficie.

Se il sisma è avvenuto a 25 km di profondità, significa che a tale profondità la pressione del magma ha superato la tensione di rottura del corpo roccioso. Ciò avrebbe dovuto produrre delle deformazioni distensive in superficie. In una zona ove è presente un sistema di faglie, per il magma sarebbe più semplice superare l'attrito delle faglie viciniore anziché "aprire" un nuovo percorso.

Gli autori della ricerca per poter dimostrare quanto affermano avrebbero dovuto almeno quantificare la pressione esercitata dal magma verso l'alto e quantificare la pressione di confinamento degli strati superiori che nella fattispecie sono costituiti orientativamente da uno strato di rocce granitiche e metamorfiche con spessore di 10 – 15km con al disopra un'alternanza di scaglie tettoniche di rocce sedimentarie costituite da rocce carbonatiche ed argillose immergenti verso il mar Tirreno.

138

E' da escludere a mio parere che la pressione di gas e/o di fluidi possa aver provocato il terremoto in questione giacché i gas possono risalire esclusivamente quando la pressione di confinamento non è elevata.

Soltanto quando lo scorrimento tra le superfici di faglia non fa divenire le rocce interessate plastiche ed impermeabili, esse costituiscono vie di deflusso per gas e/o vapori.

Il terremoto è stato possibile soltanto a seguito di uno scorrimento tra le facce di una faglia già esistente là dove la pressione di risalita abbia superato l'attrito disponibile tra le facce della faglia che ha prodotto il sisma.

Due blocchi di crosta terrestre adiacenti ad una frattura hanno la tendenza a muoversi in verso opposto, ma per la presenza della roccia sovrastante, questo movimento reciproco lungo il piano della "frattura" è impedito da un fortissimo attrito che induce a deformare i blocchi di roccia in vicinanza della frattura, anziché scorrere reciprocamente. Ma mano che la roccia si deforma c'è un rilevante accumulo di Energia elastica in essa fino a quando a furia di aumentare la deformazione, al superamento della resistenza di attrito, si verifica rottura nella faglia provocando un improvviso scorrimento dei blocchi rocciosi dando origine ad un terremoto. Questa Energia elastica di deformazione viene immagazzinata lentamente per decine e/o diverse centinaia di anni fin quando non viene liberata improvvisamente sotto forma di calore e di onde sismiche ossia di terremoto, che al massimo può avere una durata di pochi minuti. La zona di rottura nella faglia, impropriamente, viene identificata con un punto chiamato "ipocentro" del terremoto.

Gli autori della ricerca, nulla riportano sulla conoscenza della forza di attrito tra le facce della faglia e nulla riportano in relazione alla pressione che avrebbe esercitato la rottura per scorrimento della faglia.

Indicando con Ee il limite di elasticità di rocce profonde sottoposte a forti pressioni questa tensione si raggiunge a profondità tra i 2,50km e i 5,00km.

Nel caso specifico giacché siamo in presenza di graniti e rocce metamorfiche aventi spessore di 10-15km possiamo porre per le rocce interessate un limite di elasticità Ee=10.000.000kg/mq e un peso di unità di volume, pari a circa 2500kg/mc per cui la tensione limite Ee si avrà ad una profondità di circa 4 km.

In queste condizioni si può avere rottura della roccia (quindi terremoto) alla profondità per la quale la spinta del magma fa registrare una pressione superiore a 10.000.000 kg/mq.

Per quanto, innanzi, la rottura potrà aversi soltanto se il pacco sovrastante è minore di 4km.

Nella fattispecie gli autori della ricerca affermano che il terremoto ha avuto un ipocentro a 20-25 km.

Ciò sta a significare che in assenza di faglia non poteva verificarsi rottura perché la pressione sovrastante era 50.000.000kg/mq-65.000.000 kg/mq ossia la pressione di confinamento era di gran lunga superiore a quella che avrebbe potuto produrre la rottura.

Il sisma, perciò, poteva svilupparsi soltanto se la risalita di magma è avvenuta lungo una faglia, ma ciò è smentito dai ricercatori INGV e da quelli dell'Università di Perugia.

Il volume di roccia crostale all'interno del quale non si sono originati e propagati terremoti è di circa 8km di altezza per 2km di lunghezza e per una larghezza variabile da 1,5km a 2km. La supposta intrusione di magma si sarebbe, inverosimilmente, propagata rapidamente dal basso verso l'alto in modo repentino (l'evoluzione della sequenza mostra che gli ipocentri delle repliche sono migrati verso l'alto e si sono diffusi verso sud-est in pochi minuti) e avrebbe interessato prima la parte a nord e poi quella a sud della zona interessata dagli eventi di dicembre 2013-gennaio 2014.

Non si tratterebbe, quindi, secondo gli autori, di una intrusione lamellare. Trattasi, invece, di un prisma di dimensioni notevoli la cui intrusione dal basso verso l'alto avrebbe dovuto causare deformazioni crostali evidenti con veri e propri "cataclismi" in superficie. Evidenze che non ci sono state. Si è più propensi, perciò, se esatti i rilevamenti effettuati e se essi sono da ritenersi attendibili anche a fronte di "Mancanza di registrazioni di segnali geofisici riconosciuti e/o di segnali geochimici", a ritenere che la delimitazione della zona asismica di cui sopra possa essere, incredibilmente, l'indicazione di un prismoide fluido, di natura da accertare, esistente da tempi geologici e non la testimonianza di una risalita repentina di magma.

Fermo restante che non si ha alcuna certezza della risalita del magma lungo la faglia (così come affermano gli autori della ricerca), si è del parere che il terremoto si è sviluppato in ogni caso nella faglia perché si era accumulata troppo energia tra i lembi della medesima che di conseguenza ha originato una rottura progressiva lungo la superficie di faglia o di un microsistema di faglia. Ciò sta anche a spiegare la individuazione dei diversi ipocentri localizzati più o meno in zone viciniore. Gli scorrimenti repentini e i conseguenti terremoti sono impossibili quando la pressione tra i lembi di una faglia supera la resistenza di attrito.

In presenza di faglia, considerando un opportuno coefficiente d'attrito tra i lembi delle facce della faglia, il superamento della tensione limite, nel caso in esame, si ha per una profondità inferiore a 37 km per cui essendo l'ipocentro a 25km la rottura si è avuta, senza particolari problemi, lungo una faglia e per step successivi. Viceversa, in assenza di faglia si poteva avere rottura soltanto ad una profondità inferiore a 4km ove si poteva rinvenire la tensione limite di elasticità.

In definitiva, un sisma che si sviluppa ad una profondità di 20-25km può aversi soltanto per un eccessivo accumulo di energia tra le facce di una faglia. Questo perché in assenza di una faglia, a quella profondità, le tensioni di confinamento del magma sono talmente elevate che impediscono una qualsivoglia rottura repentina per risalita di magma.

Riepilogando, in presenza di una faglia (condizione esclusa dai ricercatori dell'Università dell'Umbria e dall'INGV), il sisma può innescarsi a seguito di risalita di magma solo se in tali condizioni la pressione del magma supera l'attrito esistente tra le facce della faglia interessata dal fenomeno.

In pratica, la risalita tra le facce di una faglia può avvenire soltanto quando la pressione del magma supera l'attrito tra le facce. Una risalita di magma del volume di 8km X 2km X 2km che si propaga dal basso verso l'alto per circa 10 km all'interno di rocce crostali non può avvenire repentinamente senza causare deformazioni ed effetti collaterali chiaramente riscontrabili in superficie.

Se si esclude questa possibilità, non ci può essere alla profondità di 20-25km risalita di magma a causa di una rottura provocata dalla pressione del magma, per cui il terremoto è avvenuto soltanto perché c'è stato un accumulo di elevata energia lungo le facce di una faglia esistente.

1.2.1.1.2 Constatazione pratica su Edifici costruiti su cavità

Nella Piana Campana si rinvengono molte cavità antropiche scavate nel tuto della Ignimbrite Campana, in assenza di falda freatica o al disopra di essa se presente. L'esistenza di queste cavità, in passato, era legata all'esigenza di usufruire di un materiale da costruzione, quale appunto il tufo, facilmente rinvenibile, cavabile, lavorabile e con discrete caratteristiche meccaniche e di isolamento termo igrometrico. Che ciò sia vero e capito fin da tempi remoti, è testimoniato dal fatto che dall'epoca romana fino a poche decina d'anni fa, il tufo è stato la pietra da costruzione per antonomasia.

Dall'antichità il tufo è stato cavato con sistema di attacco dall'alto, a meno che non si trattasse di tufo affiorante, nel qual caso, eliminato il sottile strato vegetale, l'attacco avveniva direttamente in superficie cavando il materiale per notevoli estensioni e a cielo aperto.

Durante il Sisma del novembre 1980 e febbraio 1981, la preoccupazione più forte durante l'evento era rivolta ai territori ove erano presenti edifici costruiti su vecchie cave di tufo. Specialmente là ove erano presenti "instabilità" pregresse. I prossimi quattro fotogrammi sono stati scattati dallo scrivente, dopo l'evento tellurico del novembre 80 e febbraio 1981, in cavità sotterranea ove si sono rilevate zone di intensa fratturazione.

Zona fratturata tra i pozzi n°33 e 34 con evidente espulsione di blocco tufaceo

Casamarciano (NA) – A. Spizuoco 1986

Zona intensamente fratturata in prossimità di pozzo di areazione

Zona di intenza fratturazione per stress geomeccanico

Casamarciano (NA) – A. Spizuoco 1986

Linea di frattura

Le condizioni di stabilità di queste cavità, spesso, sono ai limiti del collasso, anche se ad un'analisi visiva ciò può non risultare evidente.

Di seguito si riportano, ulteriori, fotogrammi scattati durante rilievi in cavità sotterranee eseguiti dallo scrivente, dopo il terremoto Irpinia del 1980. Nella fattispecie la coltivazione è avvenuta per camere successive e hanno forma a base quadrangolare o a base circolare e con una volta a "campana" o a tronco di piramide.

Panoramica della prima cavità riscontrata in sotterraneo

A. Spizuoco 1986

148

prima Stazione in sotteraneo ed ingresso seconda camera

A. Spizuoco 1986

Rilievo quota in «chiave» nel passaggio tra due camere consecutive

Nella fattispecie, l'escursione in sotterraneo mise in risalto la presenza di:

- Una cava a camere successive;
- Più pozzi di cava, di cui uno utilizzato come scarico di acque nere;
- Diverse fratture di varia ampiezza nelle volte tufacee.

Giacché lo scrivente riteneva che il fabbricato sovrastante insisteva sul sistema di cavità, predispose un accurato rilievo per stabilire il posizionamento del fabbricato rispetto alle cave.

Alla osservazione diretta si riscontrò l'esistenza di un'antica cava artigianale, destinata all'estrazione di materiale per impiego locale (tufo).

La morfologia della cava aveva i seguenti caratteri:

- Un pozzo di accesso verticale di diametro di circa 2.00 metri che dopo aver attraversato per circa 15 metri il materiale sciolto che si trova stratigraficamente al di sopra del banco tufaceo, immette nella camera di lavoro sottostante;

- Prima camera di cava con forma di base quadrilatera e una volta piramidale;

- Dalla prima camera si accede ad una seconda e da questa ad una terza e così via;

- Un muro, in fondo all'ultima camera sbarra l'accesso al rimanente corpo di cava, le cui dimensioni sono quindi ignote;

- Alcune di queste camere hanno una forma di base circolare e la volta a cupola.

Le differenti forme di volta sono evidentemente imputabili alle diverse maestranze che in passato sono state addette all'estrazione.

In entrambi i casi, tali profili evitavano ogni necessità di opere di sostegno.

In queste cavità si riscontrano diversi pozzi di accesso attualmente chiusi. Sicuramente i vecchi proprietari per poter riutilizzare il suolo sovrastante tali pozzi li tappavano pavimentandone la base (all'attacco con la volta sovrastante) con legname e ricoprendo il tutto con terreno.

Il cedimento del terreno in corrispondenza di questi "Tappi", è sovente un incidente rivelatore dell'esistenza di questi pozzi, che non sono facilmente individuabili essendo ricoperti dello stesso materiale piroclastico che affiora ovunque in superficie.

151

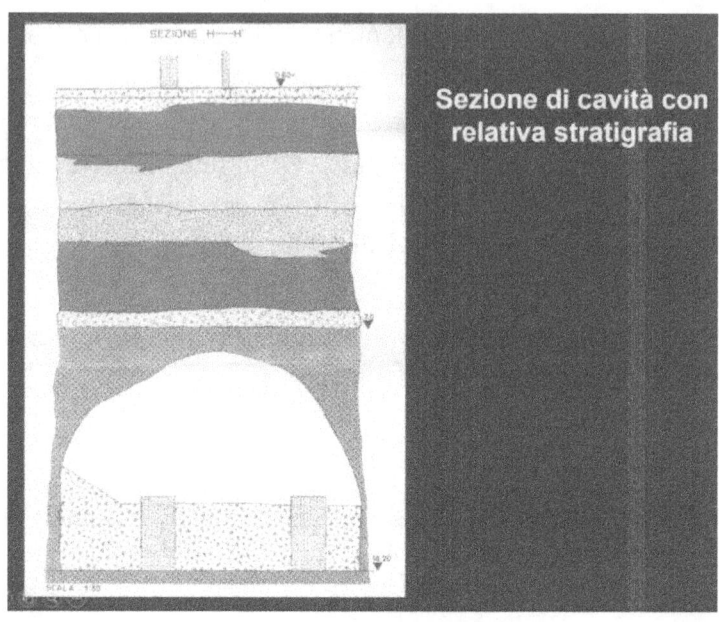

Sezione di cavità con relativa stratigrafia

Pianta della cavità in cui è ben evidenziato il vuoto sotterraneo e la proiezione dell'edificio sovrastante

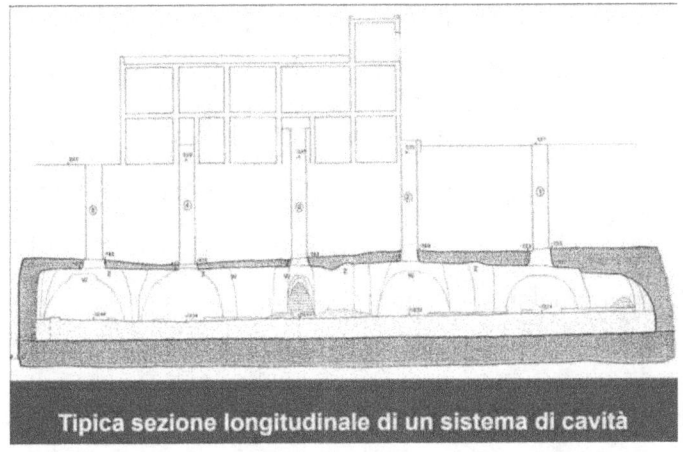

Tipica sezione longitudinale di un sistema di cavità

Dopo gli eventi tellurici, la sorpresa fu che questi edifici, costruiti su cavità sotterranee, erano rimasti quasi immuni dall'evento sismico, confermando una ipotetica asismicità che i nostri avi riscontravano nei pozzi per irrigazione e/o nei fabbricati ove erano presenti pozzi da cui si attingeva acqua ed usati anche per conservare al fresco bevande e/o frutta.

La spiegazione potrebbe essere che la presenza del vuoto delle cavità, abbia smorzato l'onda sismica, e quindi aver avuto un effetto benefico rispetto a zone senza cavità.

Ovviamente questo è da ritenersi possibile se siamo in presenza di cavità potenzialmente stabili e ciò anche perché le cavità sono immerse nel mezzo che trasmette il sisma.

Giacché, poi, sotto sisma, la sollecitazione dinamica, specie se intensa e di lunga durata, provoca l'improvviso collasso di masse rocciose originariamente instabili o in condizioni di avanzato deterioramento di equilibrio statico, si impone, in ogni caso, una verifica diretta delle condizioni di stabilità delle cavità dopo qualsiasi evento tellurico.

1.2.1.1.2 Norme pratiche tradizionali

L'osservazione diretta sul territorio dopo il susseguirsi di vari terremoti, induce alcune considerazioni di carattere generale:

- I fabbricati di un agglomerato edilizio posizionati in mezzo ad altri fabbricati, risentono meno i danni di terremoti sia di tipo sussultorio che ondulatorio.
- Le pareti prospicienti vie e cortili e gli spigoli esterni dei fabbricati, sono più vulnerabili ai terremoti e inclini a subire danni maggiori.
- I manufatti isolati (fabbricati, torri, campanili, ecc.) sono quelli più esposti a subire terremoti.
- I manufatti fondati su rocce o terreni compatti risentono meno degli effetti del terremoto e sono meno soggetti a fenomeni di amplificazione sismica;
- I fabbricati con cantonali armati con catene in ferro e con muri diagonali alle pulsazioni sismiche sono quelli che risentono meno del terremoto;

154

1.2.1.1.3 Lesioni per cedimento fondale

Nel caso di pannello verticale il possibile cinematismo è dovuto al ribaltamento del pannello (Fig.3).

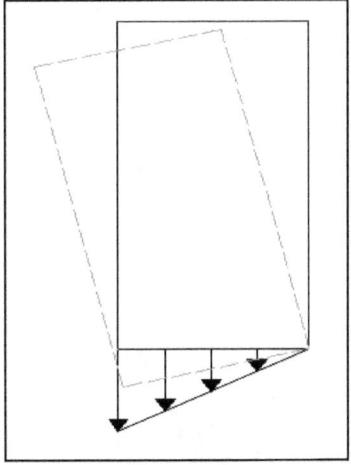

Figura 3.

Nel caso di pannello orizzontale l'effetto fessurativo che si manifesta è legato ai diversi cedimenti differenziali che si innescano lungo il piano fondale del pannello.

• Possiamo avere lesione da "tranciamento" (Fig.4) prodotta dal cedimento di fondazione di una zona estrema del pannello; l'andamento della lesione è pressoché verticale (vedi foto seguente). Un andamento simile, ma con apertura più ampia in sommità che tende a chiudersi verso il basso, è dovuto

155

ad effetti flessionali del comportamento a mensola del pannello (Fig.5). In questo caso la lesione nel pannello è, comunque, ubicata al "passaggio" tra terreno stabile e quello "ceduto".

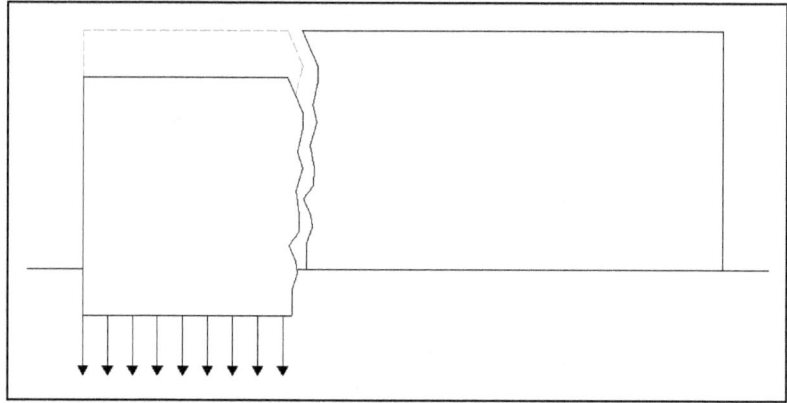

Figura 4.

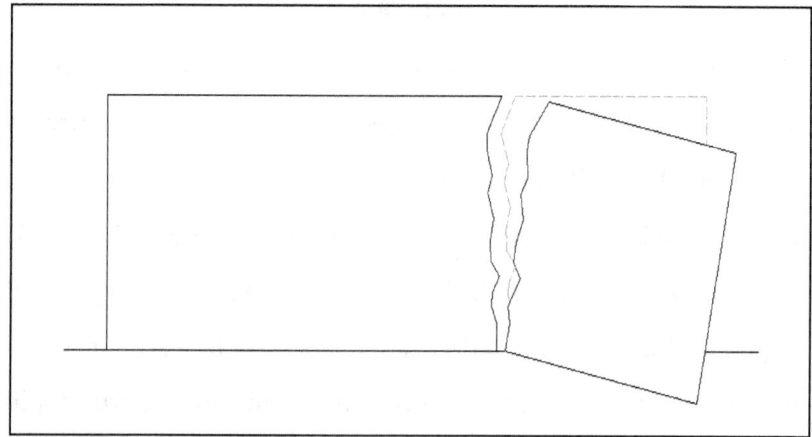

Figura 5

Lesione da "tranciamento" - A. Spizuoco 2013

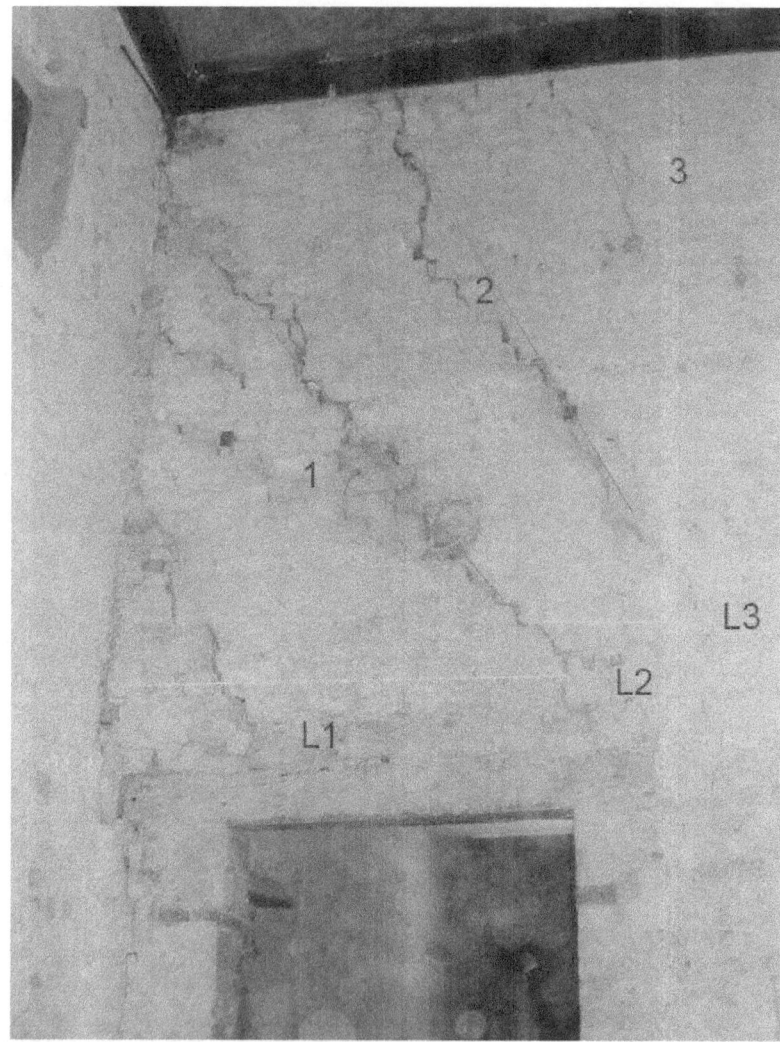

(Paolo Bacci) **La rottura per flessione può individuare una serie progressiva di mensole, sempre più corte con una**

verticalizzazione delle fessure che accompagna la riduzione dimensionale (L1, L2, L3) della mensola stessa da 1 a 3.

• Lesione per "flessione", prodotta dal cedimento di fondazione di una zona (più o meno estesa) <u>intermedia del pannello</u> (Fig.6); in questo caso la lesione si manifesta aperta nel punto di massimo cedimento per tendere a chiudersi man mano che si sale nel pannello. Ciò è dovuto al comportamento a trave appoggiata del pannello ove gli appoggi sono da individuarsi nelle due zone di fondazione in cui il piano fondale non è ceduto. In tal caso, considerando il pannello come una trave appoggiata-appoggiata, le fibre tese sono al di sotto dell'asse orizzontale del pannello, per cui le lesioni sono più larghe nella parte bassa e tendono a chiudersi completamente man mano che si sale di quota.

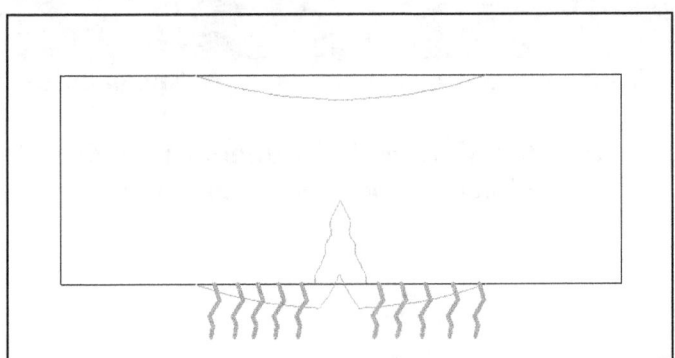

Figura 6.

• Lesione a paraboloide o ad arco, si manifesta quando il cedimento riguarda una zona fondale abbastanza concentrata ovvero poco estesa (vedi foto seguenti).

Frattura per cedimento fondale - A. Spizuoco 2010

E' chiaramente visibile ed individuabile il solido sede del cedimento (traslazione verticale).

In foto, "rilascio" in chiave dell'arco per cedimento ritto destro - A. Spizuoco 2010

Va comunque detto che il comportamento di un edificio in muratura può essere molto variegato facendo registrare comportamenti misti mensola-telaio per cui è possibile osservare anche diverse lesioni nei piani intermedi.

Pur meritando, sicuramente, un approfondimento a parte, è opportuno, in questa sede riportare almeno le principali cause delle lesioni che si manifestano nelle murature.

1.2.2 Lesioni d'assestamento

Le cosiddette lesioni di assestamento, ben note ai muratori del passato, costituiscono il riassetto definitivo a cui il manufatto murario giunge nelle prime fasi della sua vita. Questo genere di lesione deriva dai lievi processi di traslazione verticale che la muratura subisce durante la costruzione, a causa dell'assestamento del terreno, giacché, specialmente per edifici d'antico impianto, i setti murari sono elementi eterogenei composti da malta e pietre poggiate su terreno (negli edifici più recenti si riscontra una fondazione in calcestruzzo talora debolmente armata).

E' fortemente influenzato dall'altezza (e quindi dal peso) complessiva del fabbricato, dallo spessore e numero dei giunti di malta (infatti, durante la posa in opera dei mattoni, il muratore eseguiva la battitura degli elementi posizionati proprio per ridurre lo spessore del giunto e costipare la malta, in modo da ridurre l'assestamento), dal ritardo della presa e dalla rapidità di avanzamento dei lavori (negli edifici multipiano conveniva attendere che i giunti di malta facessero presa aspettando anche diversi giorni, circa 10 giorni, meno se si usava malta di cemento) prima di proseguire con la costruzione del piano successivo.

A titolo indicativo, per evitare "sorprese", si consiglia di non superare lo spessore di 5.00 millimetri per i giunti di malta nella costruzione di elementi murari. Soltanto eccezionalmente e con l'impiego di malta cementizia si potrebbe consentire uno spessore di circa 10.00 millimetri.

E' appena il caso di riportare che, per murature costruite con giunti di malta, di calce e sabbia, la durata dell'accorciamento può essere anche di sei mesi.

Alla luce di quanto innanzi, è opportuno costruire murature mantenendole sullo stesso piano orizzontale, facendole "riposare" per step successivi in modo che l'accorciamento sia graduale ed uniforme.

Ovviamente, per le zone di muratura da ricostruire, in edifici di antico impianto, i letti di malta e le connessure tra i mattoni, per quanto innanzi esposto, categoricamente, non dovrebbero superare i 5.00 millimetri. Si dovrebbe, poi, tenere sempre presente che, nel caso di sarciture con la tecnica del cuci e scuci, se lo spessore dei giunti di malta non è sottile, il risanamento può essere addirittura controproducente.

Si possono manifestare tre tipi di assestamento:

- assestamento dei materiali;

- assestamento delle malte;

- assestamento del piano fondale.

L'assestamento dei materiali è, in realtà, difficilmente percepibile e si manifesta unicamente quando il pannello murario è costituito da pietre tenere.

In effetti, l'accorciamento delle pietre è funzione del modulo di elasticità della roccia da cui è costituita la pietra e da ciò deriva che l'accorciamento è massimo a metà altezza del muro. Va detto che questi, essendo dell'ordine di qualche decimo di millimetro, risultano di difficile misurazione.

Le lesioni di riassetto si presentano in dimensioni capillare ed anche in forma più sensibile negli incroci dei muri o negli angoli dei fabbricati, nelle chiavi degli archi e volte ed anche nelle piattabande.

Un accorciamento significativo, invece, si ha con le malte perché esse sono soggette a forte compressione e, man mano che induriscono, diminuiscono sensibilmente di volume. Proprio per questo motivo era opportuno che i ricorsi di malta fossero molto sottili; viceversa si potevano verificare sproporzionati effetti di "assestamento". Il quadro fessurativo dovuto ad uno sproporzionato "assestamento", specialmente se osservato a distanza di tempo da quando si è manifestato, può indurre un tecnico inesperto a non individuare l'effettiva causa del fenomeno.

Per quanto riguarda il cedimento derivante dalla compressibilità del piano di posa delle fondazioni, c'è da dire che esso dipende da diversi fattori e merita sicuramente un approfondimento a parte.

1.2.3 Lesioni di cedimento del piano fondale

Va detto, in ogni caso, che esso è funzione della geometria e del tipo di fondazione del fabbricato, del carico che deve sopportare, dell'approfondimento della fondazione rispetto al piano campagna e dalle caratteristiche geotecniche del terreno di fondazione.

Non va sottovalutato, inoltre che, generalmente, per edifici fondati su terreni sabbiosi, il cedimento era pressoché immediato o al massimo si estingueva entro un anno dalla realizzazione dell'opera. Per edifici fondati su terreni argillosi, il decorso dei cedimenti era molto più lungo e il suo decorso poteva essere anche compreso in un decennio.

Dal punto di vista morfologico le lesioni da cedimento possono essere:

- **Paraboliche:**
  - ➢ paraboliche e/o a parabola da "raccordare" con concavità verso il basso: si manifestano su muri con fondazioni continue;
  - ➢ a parabola su muri pieni senza aperture;
  - ➢ a parabola allungata da raccordare "fittiziamente" su muri con aperture.

Quest'ultimo caso è simile all'effetto di un forte cedimento di un pilastro intermedio appartenente ad un fabbricato fondato su archi e pilastri.

- **Subverticali**: si manifestano su muri (senza aperture) poggiati su archi e/o pilastri oppure nelle zone ricostruite.

- **Immergenti** verso le zone di cedimento: si manifestano nei muri (poggiati su archi e pilastri) con aperture e incidono su finestre, davanzali, piattabande e parapetti.

Va detto che, generalmente, il pensiero comune è che le lesioni si manifestino più frequentemente nei piani bassi piuttosto che negli ultimi piani del fabbricato.

Questa congettura non è sempre vera; infatti, le lesioni per cedimenti di muri (con aperture o non) con fondazione continua sono più accentuate nelle fondazioni e ai piani inferiori del fabbricato. Le lesioni per cedimenti di muri (con aperture o non) fondati su archi e pilastri, invece, iniziano dai cornicioni del fabbricato, ove sono più ampie e si propagano (tagliando piattabande, davanzali e parapetti di finestre qualora presenti) fino in prossimità del piano stradale, ove tendono a chiudersi in maniera capillare.

Per edifici di una certa importanza, ad esempio con altezza da 20.00 a 30.00 metri, generalmente le lesioni partono dalla "vetta" del fabbricato e si estinguono al primo piano lasciando completamente incolume il piano terra.

1.2.4 Lesioni di trazione

Le lesioni di trazione si verificano in quelle parti della muratura dove insorge una tensione di trazione, alla quale la muratura non è in grado di resistere in conseguenza di uno sforzo normale di compressione ove il centro di pressione sia fuori dal nocciolo.

Queste lesioni hanno un andamento inclinato di circa 45°, poiché la muratura viene sottoposta ad una sforzo tagliante e, tra le cause frequenti, si ricordano gli spostamenti relativi tra due elementi murari dovuto ad un cedimento traslativo o di rotazione di fondazione.

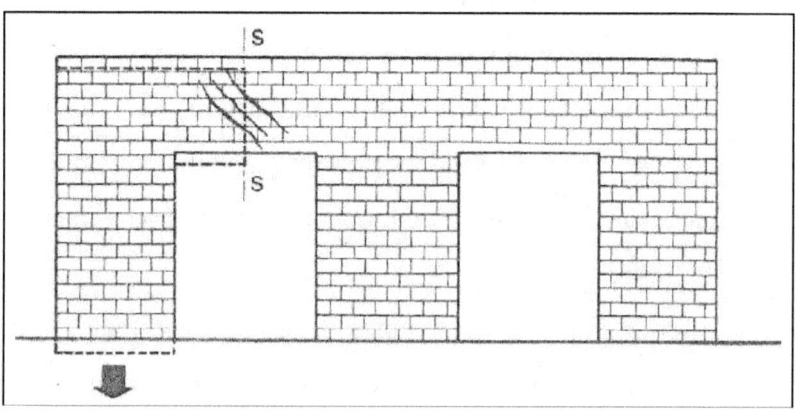

Lesioni provocate da tensioni di trazione conseguenti a cedimenti differenziali delle fondazioni.

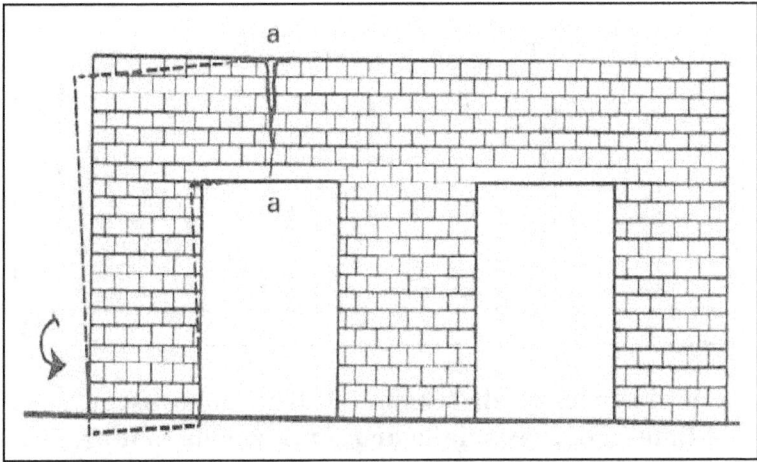

Lesioni provocate da tensioni di trazione conseguenti a cedimenti di rotazione delle fondazioni.

I cedimenti di traslazione orizzontale delle fondazioni si manifestano prevalentemente in presenza di fondazioni poco profonde poste su terreni argillosi. In periodi di siccità questi terreni si contraggono originando fenditure verticali nel terreno stesso. Per aderenza, tali spostamenti vengono impressi anche alla fondazione che potrebbe lesionarsi, specialmente se costituita da muratura a diretto contatto con il suolo. In tal caso la lesione si propaga in direzione delle strutture superiori. Alla vista, i bordi della lesione si corrispondono esattamente.

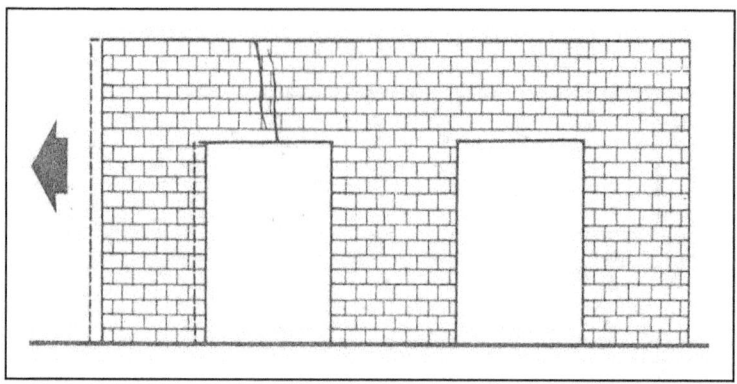

Lesioni provocate da tensioni di trazione conseguenti a cedimenti di traslazione orizzontale delle fondazioni.

Cedimento di roto-traslazione - A. Spizuoco 2010

Cedimento di pura traslazione - A. Spizuoco 2010

La morfologia delle lesioni rilevabili nel quadro fessurativo di una struttura consente di poter individuare la natura del cedimento che le ha causate.

171

L'osservazione delle lesioni prodotte nei fabbricati, spesso fornisce indicazioni insostituibili.

Indicazioni attendibili, in particolare sul comportamento della struttura nel tempo ed entro certi limiti possono aversi solamente tramite rilievi strumentali, tenendo presente che, in genere, i quadri fessurativi assumono forme geometriche diverse a seconda del tempo trascorso tra l'inizio del fenomeno ed il tempo di osservazione.

Questo perché, esiste una interazione continua tra la zona che ha subito il cedimento e la restante parte del fabbricato.

Interazione che comporta modifica degli scarichi sulle fondazioni, diversi da quelli iniziali, per cui si avranno nuove sollecitazioni che produrranno nuovi cedimenti che, a loro volta, modificheranno il quadro fessurativo iniziale e così via, traendo in inganno eventuali operatori che tentano di individuare la causa del dissesto.

Bisogna ancora aggiungere che tale situazione già di norma si verifica quando la situazione geotecnica è di tipo regolare; si tenti, allora, di immaginare la complessità di un quadro fessurativo a cui dovrà aggiungersi l'effetto di una situazione geotecnica molto complessa o anomala.

**Cedimento di "estremità" in una parete muraria.
A. Spizuoco 2009**

**Direzione del cedimento interessante la parete.
A. Spizuoco 2009**

Cedimento "centrale" di parete muraria-A. Spizuoco 2009

Direzione cedimento parete precedente - A. Spizuoco 2009

Lesioni su pareti perimetrali di un edificio - A. Spizuoco 2000

Direzione dei cedimenti - A. Spizuoco 2000

175

Visione globale della frattura - A. Spizuoco 2000

Direzione dei cedimenti - A. Spizuoco 2000

2.1 Singolare caso di "deformazione" anomala su corpo di fabbrica

Dissesto del manufatto edilizio rilevato

Angelo Spizuoco 2009

Presumibile direzione dei cedimenti

Angelo Spizuoco 2009

Da una prima ricognizione osservativa era desumibile una
direzione dei cedimenti così come indicato nella figura
precedente

178

Osservazione delle fratture

Angelo Spizuoco 2009

Da un'attenta osservazione del quadro fessurativo della struttura era, invece, rilevabile una situazione ben diversa.

In particolare osservando la lesione a dex sul cordolo era da notare che la lesione si presentava "aperta" nella parte inferiore del cordolo per "chiudersi" nella parte superiore.

Ciò stava ad indicare che nella zona inferiore era presente la parte tesa mentre la zona superiore era compressa.

179

Questo stato deformativo, certamente, non era compatibile con un cedimento verso il basso, così come indicato nella figura innanzi con le frecce gialle.

In conclusione, non si era verificato un "abbassamento" ma un "innalzamento" della zona sinistra del manufatto rispetto a quella a destra, così come chiaramente indicato nei fotogrammi seguenti.

Dall'osservazione delle fratture si evince chiaramente che c'è stato un innalzamento (non un abbassamento) della parte a six rispetto a quella di dex - Angelo Spizuoco 2009

Effettiva direzione direzione degli spostamenti verso l'alto

Angelo Spizuoco 2009

2.1.1 Crolli per cedimenti fondali

A causa di cedimenti fondali, numerosi sono i crolli che si verificano per cui occorre porre la massima attenzione per scongiurare questi accadimenti.

Si ritiene, perciò, riportare di seguito una rassegna delle cause più frequenti che fanno registrare spiacevoli sorprese.

2.1.2 Principali patologie da cedimento fondale

Di seguito si mostrano ulteriori avvenimenti reali la cui documentazione fotografica è stata tratta, come quelle precedenti, dall'archivio "lavori" del Centro Studi progettazioni strutture & geologia geotecnica di San Vitaliano (NA).

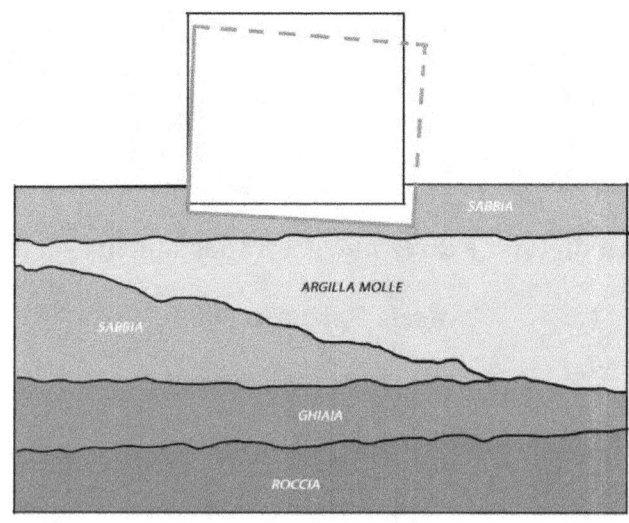

Schema 1.

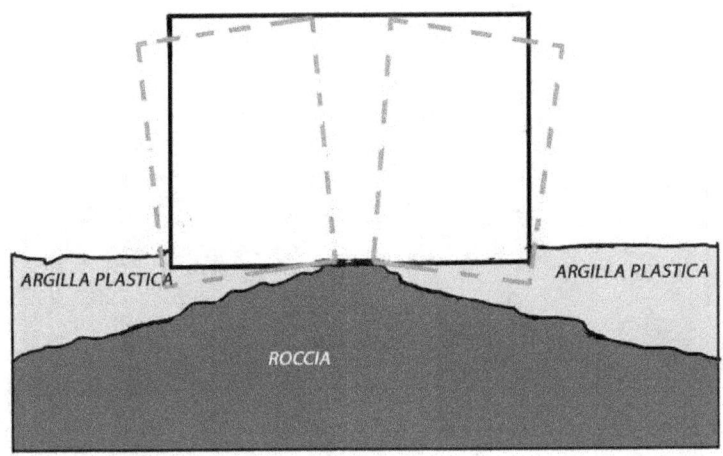

Schema 2.

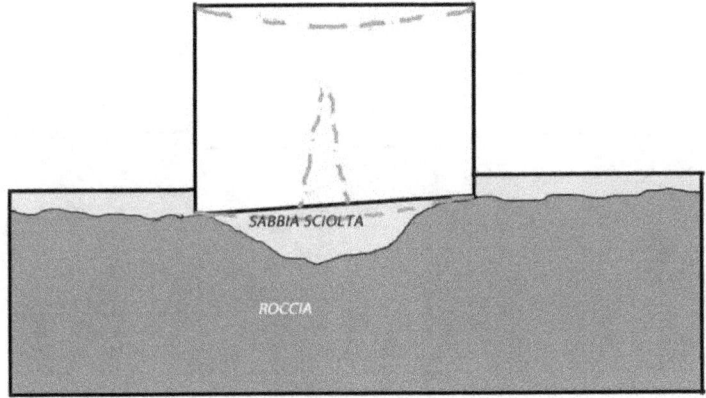

Schema 3.

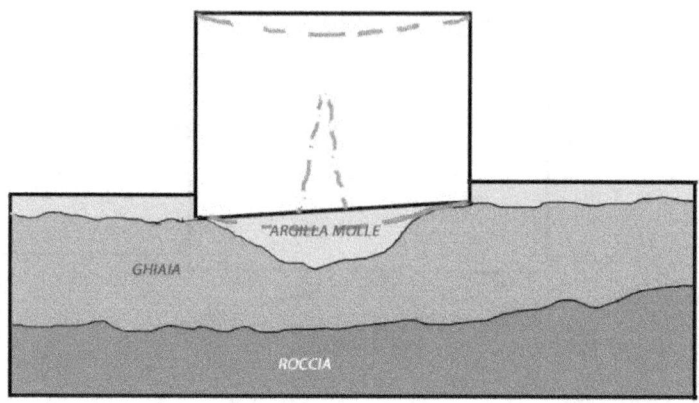

Schema 4.

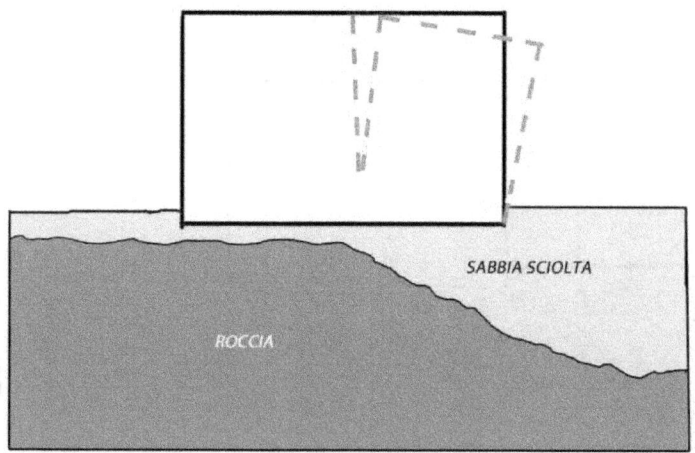

Schema 5.

Situazione reale dello schema 4 - A. Spizuoco 2010

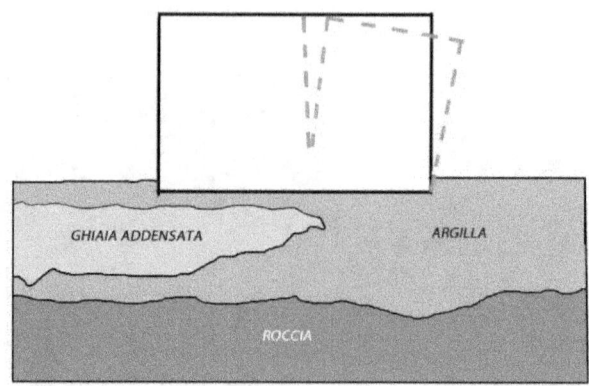

Schema 6.

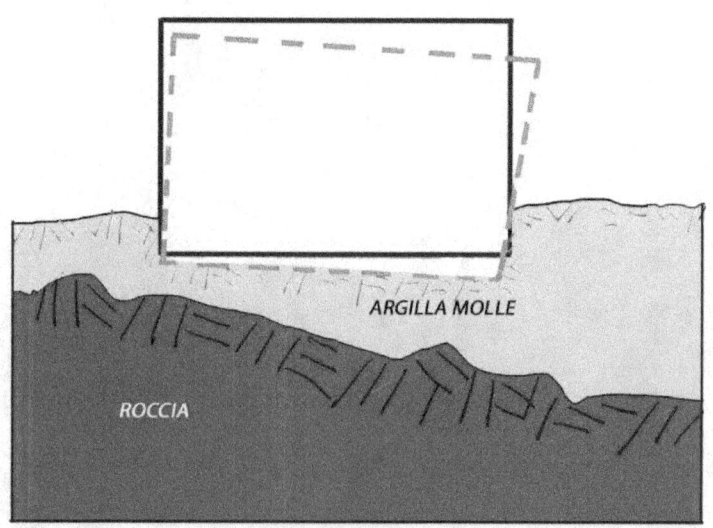

Schema 7.

Situazione reale dello schema 6 – A. Spizuoco 2010

2.1.3 Crollo per cedimento del piano fondale

Nei successivi due paragrafi si mostrano ulteriori avvenimenti reali.

Crollo a Caivano dovuto a cedimento del piano fondale.

E' da notare che i soccorritori agiscono incuranti del pericolo
incombente su di loro per un ulteriore crollo
del residuo primo e secondo piano

188

Ubicazione del dissesto fondale in base al crollo.

Particolare della zona crollata riguardante il piano terra e primo piano

**Miracolo della statica: inspiegabilmente il secondo piano
non è crollato sebbene privo delle strutture portanti dei
piani inferiori**

Ulteriore configurazione da cui si evince il successivo crollo di buona parte del primo e secondo piano – A. Spizuoco 1986

2.1.4 Crollo per perdite fognarie

Sempre tra la casistica di crolli per cedimenti fondali sono da includere quelli che avvengono per perdita della rete idrica e fognaria. L'asportazione delle particelle fini, dal terreno fondale, trasportate dall'acqua verso il basso in una cavità sotterranea ha determinato il crollo del fabbricato.

Questo pericolo si registra abbastanza frequentemente quando ci sono perdite idriche perché l'acqua, essendo in pressione, erode molto rapidamente il terreno circostante la perdita. Le particelle fini "migrano" dalla loro posizione originaria determinando dei vuoti molto spesso anche di notevole entità. Il medesimo fenomeno si ha quando per effetti di intensi "scrosci" una condotta fognaria, con soluzioni di continuità, va in pressione.

Ovviamente, a seconda delle caratteristiche del sottosuolo, il crollo può essere immediato oppure distanziato nel tempo.

Detriti tufacei dovuti al crollo di fabbricato per perdita fognaria in Carditello – A. Spizuoco

Residuo del fabbricato crollato per perdite fognarie in Carditello - A. Spizuoco

2.1.5 Altri casi particolari realmente accaduti

Andiamo a vedere cosa potrebbe succedere quando si agisce
con superficialità

2.1.5.1 Crollo in Afragola (NA) per scalzamento
fondazioni a seguito di sbancamento generale

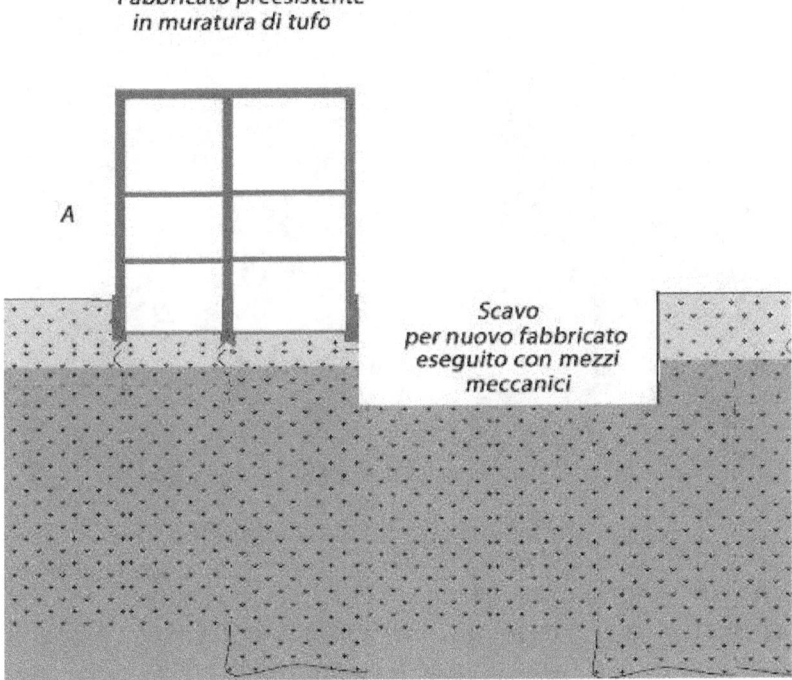

195

Crollo fabbricato ad Afragola (NA)

Va immediatamente osservato che la parete di scavo senza muratura sovrastante non è franata a differenza di quella sottostante il fabbricato.

Particolare del crollo precedente

E' da notare l'altezza di scavo eseguito senza alcun tipo di protezione sul fronte di scavo sono visibili i "segni" della benna dello scavatore

Quadro fessurativo rilevabile dagli ambienti interni

A. Spizuoco 2008

199

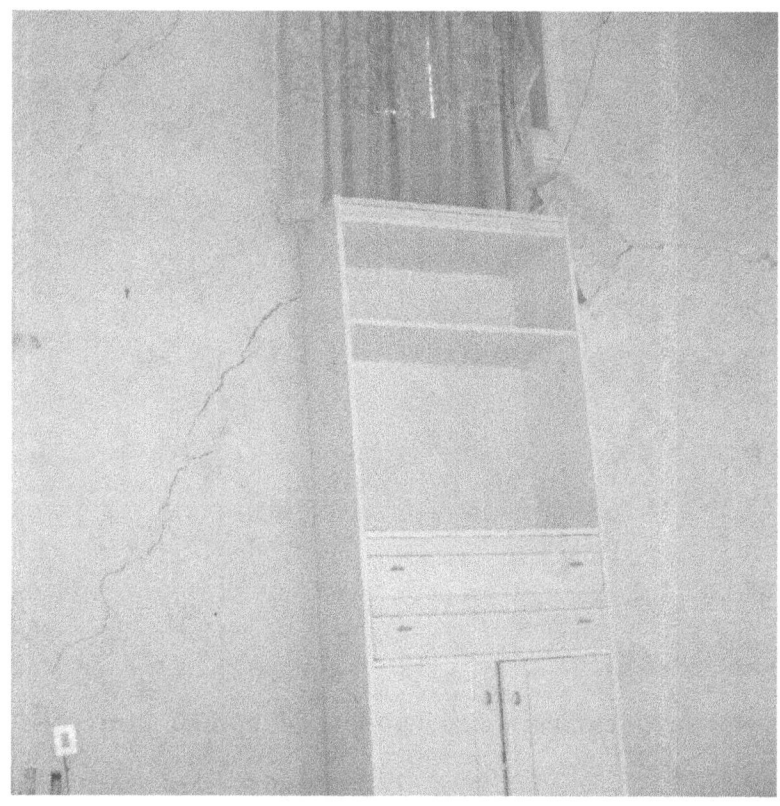

Quadro fessurativi rilevabile internamente al fabbricato

A. Spizuoco 2008

Lesione rilevabile in corrispondenza di una apertura vano
A. Spizuoco 2008

Puntellatura del fabbricato danneggiato

Ulteriore vista della puntellatura posta a "presidio" del fabbricato danneggiato
(da notare che la "testa" dei puntelli è in prossimità del primo impalcato)

**Puntellatura in legno a protezione del fabbricato sulla
sede stradale – A. Spizuoco 2008**

Vista dall'interno del fabbricato danneggiato
A. Spizuoco 2008

Va notato che la puntellatura eseguita non è stata in grado di evitare l'ulteriore crollo del solaio al primo impalcato e della parete muraria sovrastante

204

Fotogramma che evidenzia l'inefficacia della puntellatura eseguita – A. Spizuoco 2008

Situazione rilevabile dopo il successivo crollo per puntellatura inadeguata – A. Spizuoco 2008

Frattura manifestatasi dopo l'ulteriore crollo della parete
non adeguatamente puntellata – A. Spizuoco 2008

Ulteriore vista interna dei danni del fabbricato
Spizuoco 2008 - (Detriti e putrelle residue del solaio crollato)

Puntellatura laterale del fabbricato - A. Spizuoco 2008

2.1.5.1.1 Aspetti geotecnici connessi alla esecuzione dello scavo e alla fondazione del fabbricato crollato

Nella fattispecie, per evitare il crollo sarebbe stato sufficiente un po' di buon senso oppure osservare le prescrizioni di carattere generale riportate nella normativa geotecnica.

Per la comprensione dell'evento verificatosi, è sufficiente rifarsi alla teoria della Spinta delle terre che si sviluppa a seguito della rimozione di un volume di terreno per l'esecuzione di uno scavo.

Il terreno in posto subisce una riduzione dello stato tensionale che lo conduce in una condizione di stato limite attivo valutabile attraverso la formula di Rankine:

$$\sigma_a = K_a(\gamma \cdot z + q) - 2 \cdot c\sqrt{K_a}$$

In cui

- σ_a è la tensione attiva agente alla generica profondità z;
- γ è il peso dell'unità di volume del terreno;

209

- c è la coesione del terreno;

- φ è l'angolo di attrito del terreno;

- q è l'intensità del carico agente al piano campagna;

- Ka è il coefficiente di spinta attiva valutabile con la seguente formula:

$$K_a = tg^2 \left(45^o + \frac{\varphi}{2}\right)$$

La formula di Rankine esprime una dipendenza lineare della σ_a dalla profondità z, ovvero un terreno è in grado di autosostenersi fino a una profondità di scavo inferiore al valore di z in corrispondenza del quale si ha σ_a =0.

Con riferimento al lato dello scavo su cui non insiste il fabbricato danneggiato, con un'altezza di scavo h=3.5 metri, assumendo un peso dell'unità di volume gamma =13KN/m3, un angolo di attrito φ tra 26°-28°, risulta una coesione di circa 14KPa.

Il valore minimo di coesione necessaria per la stabilità di una parete di terreno con angolo di attrito 26° < φ <28° può essere calcolato con la seguente formula:

210

$$c_{min} = \frac{\gamma \cdot h_{scavo} + q}{2} \cdot \sqrt{K_a} = 70 \div 72 \ KPa$$

Stimando il carico q trasmesso dal fabbricato sul ciglio dello scavo pari a 186 KPa, il valore necessario per la stabilità risulta pari a 70-72 KPa, valore questo notevolmente maggiore del valore massimo che è attribuibile al terreno in sito.

E' da concludersi, perciò, che le caratteristiche del terreno in posto, hanno consentito lo scavo in assenza di opere di sostegno lungo il lato su cui non insiste il fabbricato, viceversa non sono state in grado di garantire la stabilità della parete lungo la quale era presente il carico trasmesso dal fabbricato presente sul ciglio dello scavo.

Volendo completare il discorso, ci sarebbero da valutare gli **aspetti geotecnici connessi alle fondazioni** del fabbricato esistente.

E' ben noto, infatti, che **lo scavo di un terrapieno a ridosso di una fondazione comporta una <u>riduzione del carico limite</u>** del terreno, ovvero della sua capacità portante.

Il carico limite del complesso terreno-opera di fondazione viene calcolato da formule trinomie ottenute per sovrapposizione di effetti della somma di tre componenti calcolate separatamente.

La formula più semplice (v. Lezioni sul c.a. Angelo Spizuoco ed. LER) che in genere si utilizza per il calcolo del carico limite **è quella di Terzaghi**, ingegnere insigne, che ha gettato le basi della geotecnica:

$$qlim = cN_c + \gamma_1 D_f N_q + 0.5\gamma_2 BN\gamma$$

in cui

c = coesione del terreno (daN/cm²)

γ_1 = peso specifico del terreno sopra il piano di posa (daN/cm3)

D_f = profondità del piano di posa (cm)

γ_2 = peso specifico del terreno sotto il piano di posa (daN/cm3)

B = larghezza fondazione (cm)

N_c, N_q, N_γ = quantità adimensionali detti fattori di capacità portante o coefficienti di portanza, funzioni di φ (angolo di resistenza al Taglio).

In merito ai lavori svolti, va osservato che già il solo abbassamento del piano di campagna sino alla quota d'imposta del muro crollato (per D_f=0) avrebbe, di per sé, comportato una riduzione del carico limite proporzionale al peso del terreno rimosso, annullando il secondo termine della formula trinomia si sarebbe trasformata nella seguente:

Si sarebbe trasformata nella seguente

$$q_{lim} = cN_c + 0 + 0.5\ \gamma_2 BN_\gamma$$

Aggiungendo a ciò **la movimentazione del terreno prodotta dallo scavo al di sotto della quota di fondazione della parete in muratura**, in seguito alla quale **il terreno è stato privato completamente della** già scarsa **coesione** posseduta, si è avuta, una gravissima compromissione della capacità portante del terreno tale che **anche il primo termine della formula trinomia è risultato pari a zero**.

E la formula si sarebbe trasformata in:

$$q_{lim} = 0 + 0 + 0.5\ \gamma_2 BN_\gamma$$

Un terzo fattore di riduzione della capacità portante del terreno è stato certamente rappresentato dall'**asportazione** (anche parziale o casuale) **del terreno al di sotto dell'intradosso del detto muro**.

Ciò **ha comportato l'annullamento del terzo termine della formula trinomia** di cui innanzi, producendo inesorabilmente il crollo del muro.

Infatti per l'annullamento anche del terzo termine la formula si sarebbe trasformata in:

$$q_{lim} = 0 + 0 + 0$$

ossia : $q_{lim} = 0$ **(zero)**

Il risultato delle analisi di cui innanzi conduce ad un valore del carico limite pari a zero ($q_{lim}=0$) per cui **conferma** e giustifica, pienamente e senza ombra di dubbio, **che per effetto dei lavori di scavo si è verificato il crollo del muro.**

Da quanto esposto innanzi, è più che plausibile ritenere che il crollo parziale dell'edificio sia stato generato dall'instabilità della parete verticale dello scavo lungo il lato su cui insiste il fabbricato che a sua volta ha provocato una significativa variazione dello stato tensionale nel terreno posto a fondazione del fabbricato, riducendo i margini di sicurezza a fronte di un fenomeno di collasso dal punto di vista strutturale per le deformazioni indotte e in fondazione facendo registrare coefficienti di sicurezza inferiori all'unità.

In definitiva, le variazioni apportate allo stato dei luoghi, hanno innescato il collasso così come dimostrato analizzando la stabilità del fronte di scavo e della capacità portante della fondazione.

2.1.5.2 Costruzione di un edificio in aderenza ad un fabbricato esistente in Cimitile (NA): crollo per esecuzione di sbancamento e pali di fondazione

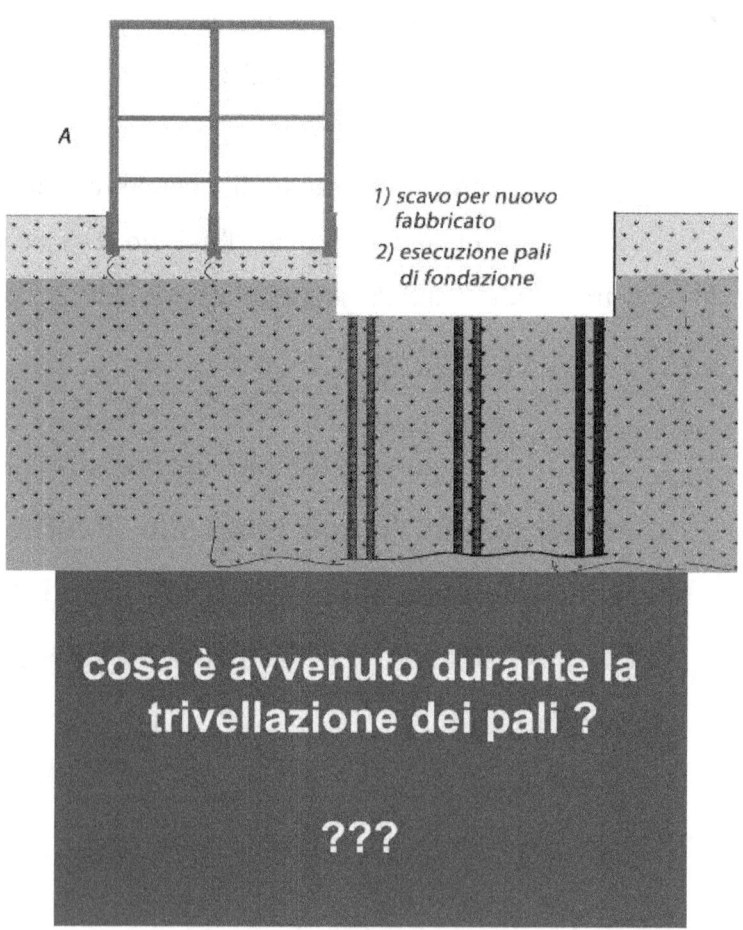

216

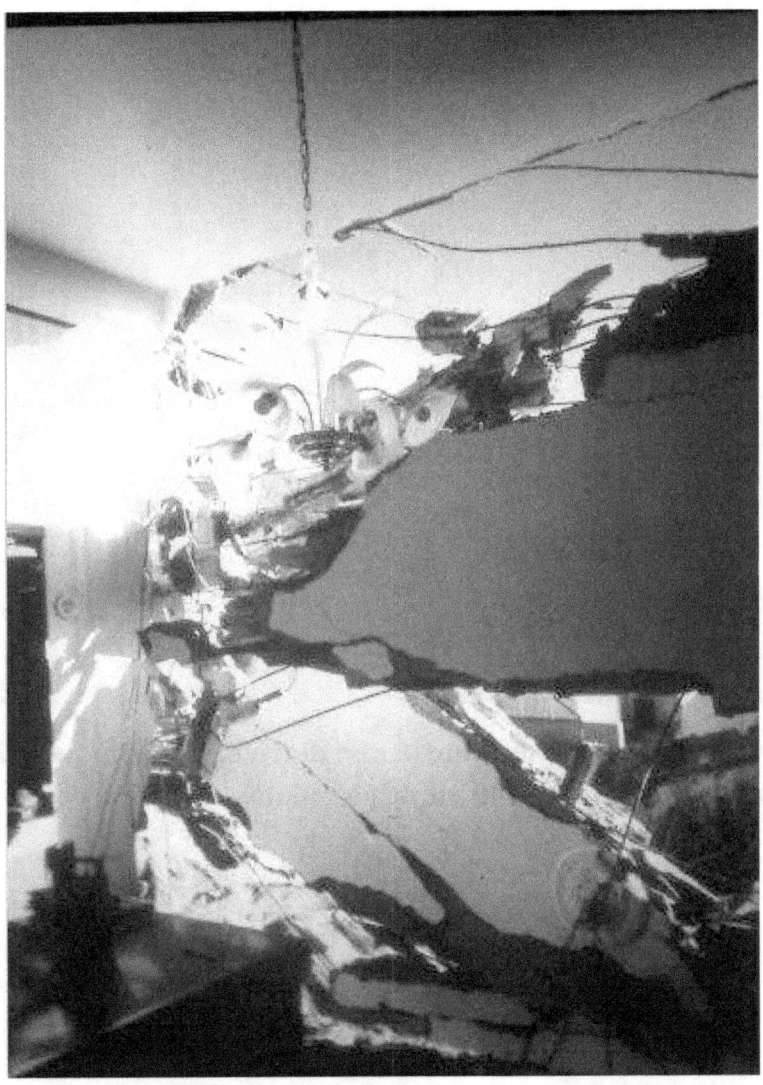

Vista dall'interno del fabbricato – A. Spizuoco 1991

**Crollo avvenuto durante la fase di trivellazione di pali di
fondazioni contigui all'edificio crollato – A. Spizuoco 1991**

Tra le macerie si nota l'attrezzatura di perforazione.

A. Spizuoco 1991

Particolare della zona crollata – A. Spizuoco 1991

Particolare ove si nota l'attrezzatura di perforazione investita dal crollo – A. Spizuoco 1991

**E' da notare l'altezza dello scavo eseguito in aderenza
all'edificio crollato – A. Spizuoco 1991**

A. Spizuoco 1991

**Sarebbe bastata la diligenza di un mastro Raffaele
qualsiasi per scongiurare gli eventi catastrofici di cui
innanzi**

2.1.5.2 Crollo in Palma Campania (NA) per perdita idrica defluente in un vetusto pozzo irriguo

L'evento catastrofico si è avuto a seguito di una perdita idrica nel sottosuolo, di una conduttura del servizio idrico gestito dalla GORI, che pur manifestatasi da diverso tempo è stata riparata sempre in maniera non definitiva. Le indagini effettuate in loco nella giornata in cui è avvenuto il crollo, hanno evidenziato che intorno al punto in cui la GORI aveva precedentemente eseguito una riparazione di una copiosa perdita d'acqua della condotta idrica, vi era una cavità, così come anche nel cortile condominiale intorno al pozzo da cui vi era una fuoriuscita di acqua limpida a testimonianza che vi era ancora in atto una perdita della conduttura idrica, confermando una diretta connessione causa/effetto tra perdita idrica e crollo.

Ovviamente il perdurare nel tempo della perdita idrica ha determinato nel sottosuolo un drenaggio di particelle fini di terreno a discapito della compattezza.

Zona della voragine creatasi in corrispondenza della perdita idrica "defluente" nell'adiacente pozzo. A. Spizuoco 2016

**Pozzo interessato dalla perdita idrica prima dell'evento
rovinoso**

Voragine apertasi in adiacenza al fabbricato

Stato dei luoghi subito dopo il crollo. A. Spizuoco 2016

Stato dei luoghi subito dopo il crollo. A. Spizuoco 2016

Particolare del residuo fabbricato crollato

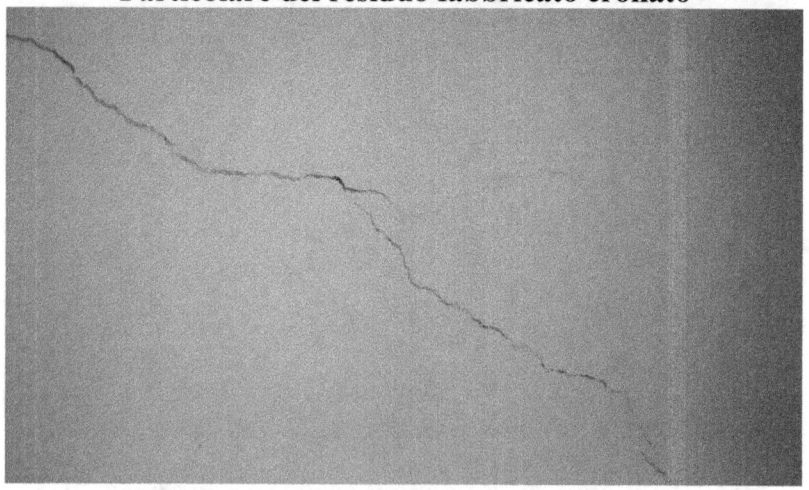

Effetti del crollo sul fabbricato adiacente

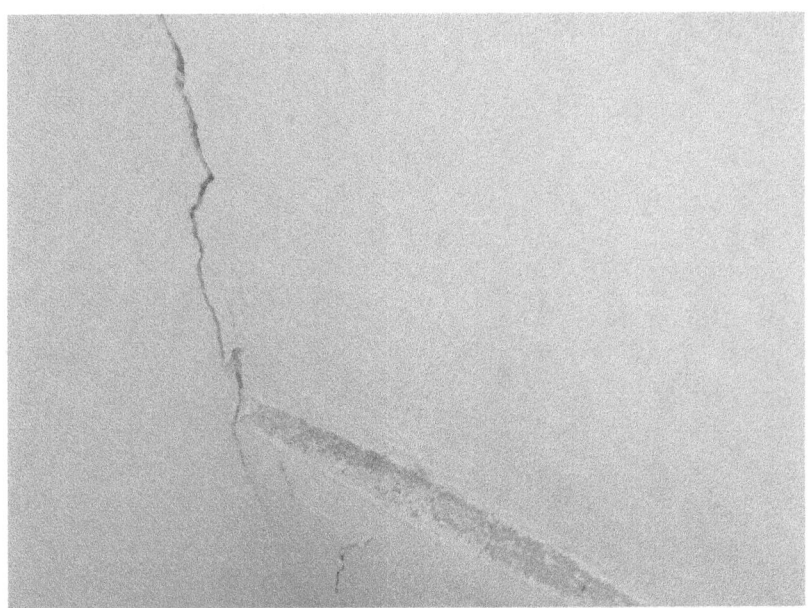

Effetti del crollo sul fabbricato adiacente

Soglia in marmo fratturata a causa del cedimento fondale

231

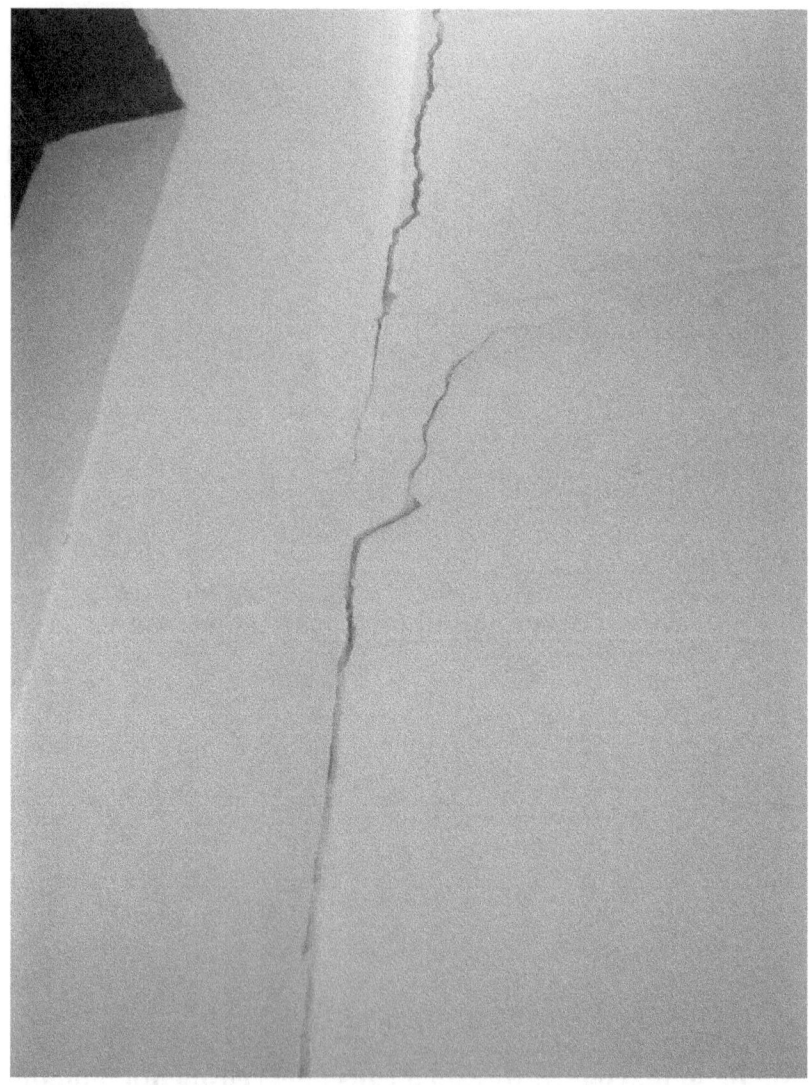

Effetti del crollo sul fabbricato adiacente

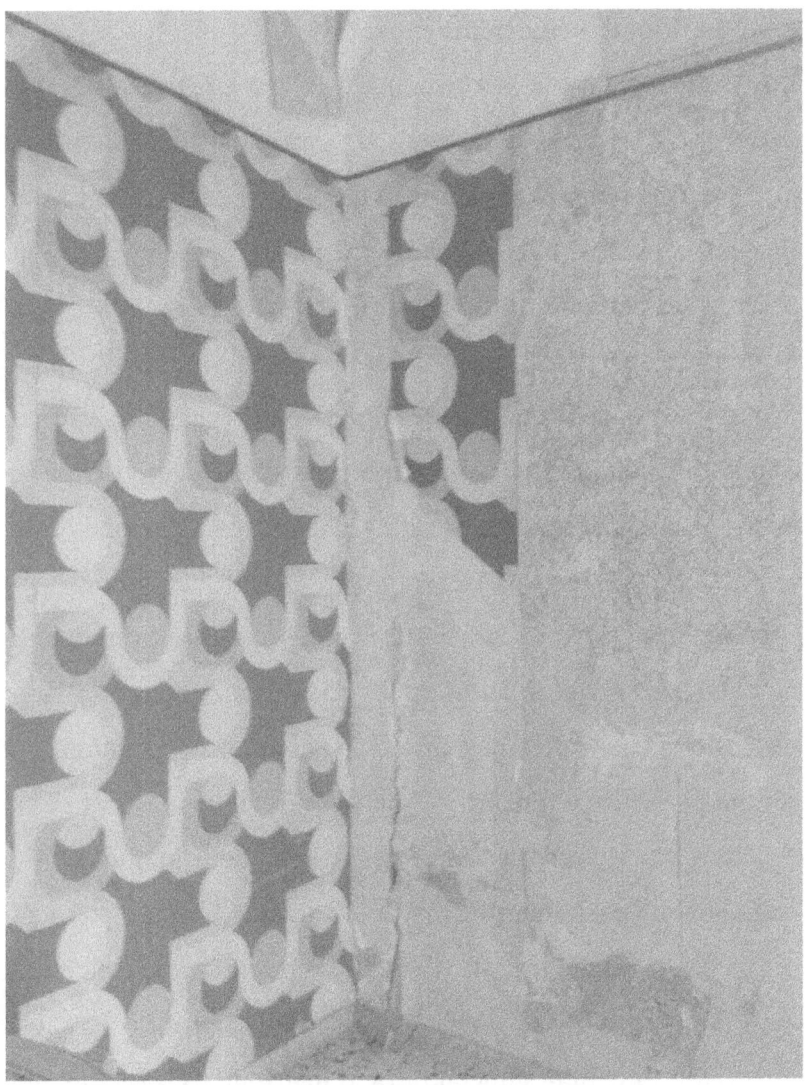

Effetti del crollo sul fabbricato adiacente

233

2.2.1 Lesioni di schiacciamento

Lo schiacciamento è sicuramente da ritenersi il fenomeno di dissesto più pericoloso perché i sintomi dapprima sono quasi impercettibili per poi manifestarsi rapidamente e, una volta innescatisi, esso evolve velocemente sempre in fasi più precarie, in particolar modo nelle murature a sacco.

Si verifica quando le tensioni nel materiale superano il limite di rottura e questo può essere imputato all'eccesso di carico, oppure al degrado delle malte per vetustà, a laterizi o pietre poco resistenti, o ancora, alla cattiva realizzazione delle murature.

I fenomeni di disgregazione delle malte sono molto frequenti, poiché le irregolarità del piano di posa creano concentrazioni di tensione che lesionano i giunti e spesso anche i mattoni. La rottura per schiacciamento del mattone avviene in quanto esso è sottoposto a compressione, per effetto della deformabilità della malta, e si manifesta sotto forma di fessure verticali ortogonali al giunto. Lo schiacciamento degli elementi strutturali, invece, può verificarsi sotto il peso proprio o a causa di eccesso di carichi concentrati e/o distribuiti. Generalmente, lo schiacciamento di una parete muraria segue sempre al

234

manifestarsi di un rigonfiamento a circa metà altezza della parete.

Infatti, con riferimento ad esempio ad una muratura a sacco, un eccesso di sforzo di compressione provoca una deformazione che tende, inizialmente, a "spanciare" il materiale detritico presente nell'intercapedine per poi estendersi ai due paramenti interno ed esterno. La lesione si innesca inizialmente nella zona centrale dell'intercapedine perché essa costituisce la zona più tenera e meno resistente per poi estendersi ai paramenti che sono più rigidi e resistenti nei confronti dello sforzo agente.

Va detto che lo schiacciamento può manifestarsi anche in pareti murarie "piene" ed, in questo caso, il decorso del fenomeno è addirittura più veloce di quando esso si manifesta nella muratura a sacco. Ciò perché, mentre nella muratura a sacco il fenomeno presenta due fasi, la prima riguardante l'intercapedine interna (muratura più "debole"), la seconda i paramenti esterni (muratura più "forte"); nel caso di muro pieno, il meccanismo fessurativo investe l'intera muratura venendo direttamente meno la muratura rigida e resistente.

2.1.1.1 Crollo campanile di San Marco di Venezia avvenuto nel 1902

Forse il primo, clamoroso, crollo documentato causato dal fenomeno di schiacciamento, è rappresentato dal caso del campanile di San Marco di Venezia avvenuto nel 1902.

La costruzione su cui fu eretto il campanile ebbe in origine funzione di torre di avvistamento e di faro e venne iniziata nel IX secolo su un blocco di muratura di 3.70 metri di spessore con dimensioni in pianta di metri 13.00x13.00 appoggiato su pali in legno lunghi 1.50metri immersi in un terreno sabbioso con pelo libero della falda che lambiva la testa dei pali.

Alto 98,60 metri era uno dei campanili più alti d'Italia, chiamato dai veneziani *"El parón"* de casa (Il padrone di casa); aveva forma semplice e si componeva di una canna di mattoni, scanalata alta circa 50 metri, sopra la quale si trovava la cella campanaria, ad archi, sormontata da un dado, sulle cui facce erano raffigurati alternativamente due leoni andanti e le figure femminili di Venezia (la Giustizia). Il tutto completato dalla cuspide, di forma piramidale, sulla cui sommità, montata su una piattaforma rotante che funge da segnavento, era posta la statua dorata dell'arcangelo Gabriele.

La torre, già seriamente danneggiata nel 1489 da un fulmine, che ne distrusse la cuspide in legno, venne, poi, gravemente danneggiata da un terremoto nel marzo 1511, rendendo necessario l'avvio di opere di consolidamento.

Dopo alcuni interventi eseguiti sul paramento murario esterno, il 12 luglio fu rilevata la rottura di numerose "biffe" in vetro e una abbondante caduta di calcinacci. La sera del 13 luglio, tra il malumore della folla, non fu consentito un concerto della banda del 18° reggimento di Fanteria che si doveva tenere nella piazza. La mattina seguente di lunedì 14 luglio, alle ore 9.47, il campanile crollò.

Nella letteratura specifica è riportato che il crollo fu provocato dai notevoli cedimenti delle fondazioni così come risultò dai calcoli geotecnici eseguiti dagli studiosi del crollo (Geotecnica e Tecnica delle Fondazioni - Cestelli Guidi vol.I ed. Hoepli). Su queste conclusioni, però, gli scriventi hanno forti perplessità. Si evince chiaramente che le fratture, rilevabili dall'osservazione della foto di seguito riportata, manifestano un quadro fessurativo nel corpo murario del campanile attribuibile ad uno schiacciamento delle stesse e non ad un cedimento fondale.

Il campanile di S. Marco al momento del crollo.

Infatti, considerando un sistema di assi di riferimento x, y con asse delle ascisse orizzontale, quando una muratura è soggetta ai soli carichi verticali, lo stato tensionale è monoassiale e l'unica componente speciale di tensione diversa da zero è quella di compressione. In questo caso, le tracce dei piani di frattura sono perpendicolari alla minima tensione principale di compressione che è orizzontale. Le fratture che ne derivano, quindi, sono verticali congruentemente da quanto si rileva dalla foto del crollo. In pratica si osservano rilevanti fratture parallele alla direzione di compressione dovute alla dilatazione trasversale del corpo murario.

Il crollo così come documentato da un giornale dell'epoca.

Quanto sopra è avvalorato, ulteriormente, anche dal fatto che le fratture da schiacciamento, inizialmente, sono molteplici per poi raggrupparsi lungo le linee maggiormente sollecitate ove si palesano più ampie e numerose, congruentemente a quanto osservabile dalla foto. La fase di crollo, inoltre, manifesta l'espulsione del materiale dal paramento murario, così come è ulteriormente e facilmente osservabile dalla foto del crollo.

2.1.1.2 "Step" del fenomeno di schiacciamento

Dunque, riprendendo il discorso, poiché le pareti murarie non sono mai omogenee né isotrope, il fenomeno di schiacciamento si manifesta essenzialmente in due "step" successivi, ma ben distinti. In teoria per una muratura il carico di rottura dovrebbe essere dato dall'elemento più debole (malta o pietra). Può accadere, però, che possa essere anche inferiore al minore dei due. Questo perché vi possono essere delle imperfezioni costruttive tra i conci di muratura o perché non si ha un legame sufficiente tra malta e pietra causando così un calo della resistenza del pannello murario. Così, ad esempio, una ulteriore causa da non sottovalutare, che potrebbe indurre un fenomeno di schiacciamento anche in murature di nuova costruzione, è quella di eseguire murature in pieno inverno nelle giornate in cui si alterna il gelo ed il disgelo tra notte e giorno. In tal caso la malta "gelata" non riesce a far corpo con gli elementi lapidei e si sgretola anche facilmente con conseguente schiacciamento della muratura.

Alla stessa maniera, le malte di murature realizzate a giugno o luglio (in genere ad agosto il clima è più tollerante perché caldo umido), con temperature eccessivamente alte, esposte all'azione diretta dei raggi solari, tendono a polverizzarsi compromettendo la stabilità della struttura. A prescindere da ciò, si può ritenere che il primo step sia legato all'attingimento della resistenza limite della malta, se meno resistente del materiale lapideo o laterizio, fattore a seguito del quale comincia a presentarsi polverulenta sfarinandosi anche ad una leggera pressione tra le dita: è questa la modalità con cui si manifesta la disgregazione della malta con uno schiacciamento in atto. I giunti sottoposti al carico si riducono di spessore e l'intonaco subisce un accorciamento con conseguenti espulsioni "paramentali".

Lo schiacciamento di una parete muraria si manifesta prima nella malta e poi negli elementi lapidei perché, generalmente, la resistenza della malta è sempre minore dei mattoni impiegati per la costruzione della muratura. Ciò comporta che, sotto l'azione dello stesso peso, i due materiali si deformano differentemente e così, quando la muratura è soggetta ad un fenomeno di schiacciamento, le fratture si innescano lungo i ricorsi di malta. Anche per le nuove costruzioni o nell'esecuzione di interventi di recupero, è richiesta la massima attenzione in fase di posa in opera delle pietre considerando una serie di accorgimenti tecnologici. Fondamentale è che le pietre siano bagnate singolarmente o, per essere più precisi, siano "lavate" ad evitare che la malta faccia corpo a sé. Occorre, dunque, far sì che i due materiali lavorino in maniera solidale garantendo la perfetta aderenza tra essi per impedire che si possa manifestare un fenomeno analogo a quello descritto poc'anzi.

Qualora il tecnico abbia accertato che ci si trova in questo primo step, senza esitazione alcuna dovrà prendere gli opportuni provvedimenti, senza aspettare la rottura delle pietre costituenti la muratura poiché le conseguenze possono essere disastrose.

Il secondo "step" si manifesta con la rottura del materiale con o senza scoesione della malta. Questa rottura si verifica quando la malta ha la stessa resistenza dell'elemento lapideo oppure quando la resistenza a compressione della malta è superiore a quella dei mattoni lapidei. Ciò può verificarsi quando si usano malte di cemento.

In questo caso le fratture, invece di localizzarsi nelle connessure o nei ricorsi della malta si manifestano con fratture nei mattoni.

Le fratture nei mattoni si manifestano anche quando la malta nei giunti orizzontali è completamente disgregata o lo spessore è ormai estremamente ridotto. Inizialmente gli elementi lapidei o laterizi presentano fratture di lieve o lievissima entità, multiple e parallele, tutte disposte nella direzione del carico. La lieve entità delle fessurazioni troppo spesso trae in inganno inducendo ad ottimistiche conclusioni; ma in realtà in assenza di un tempestivo intervento il dissesto evolve velocemente inducendo il crollo con grande rapidità.

In definitiva, **in presenza di lesioni da schiacciamento** occorre evitare che *"mentre il medico pensa il malato muore"*, **sono richiesti**, invece, **pronti rimedi**.

"Miracolo" della statica – A. Spizuoco 2017

Intervento di riparazione con placcaggio in ferro eseguito molti anni orsono su un pilastro simile al precedente.

245

Ulteriore riparazione eseguita anni orsono su un altro pilastro simile a quello precedente – A. Spizuoco 2017

La riparazione è consistita, con la tecnica del cuci e scuci, in una parziale sostituzione del materiale tufaceo con mattoni pieni e placcaggio in ferro.

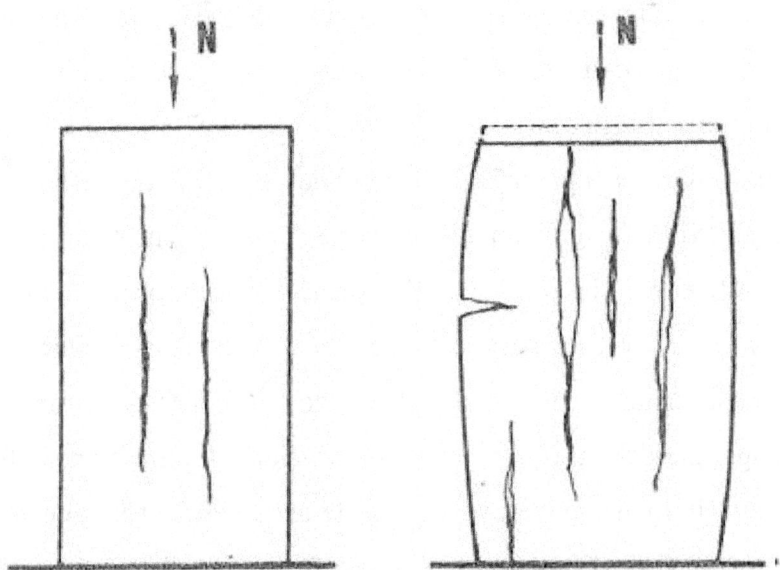

Evoluzione del fenomeno da schiacciamento.

Il quadro fessurativo si unifica in fratture di notevole estensione che preludono al crollo del sistema murario talora congiuntamente a fratture orizzontali. La porzione muraria, svincolata da quelle adiacenti in virtù della lesione formatasi, viene espulsa generando così una riduzione della sezione reagente ed un conseguente incremento della tensione di compressione. Il fenomeno evolve così sempre più rapidamente: formazione della lesione, distacco ed espulsione del materiale esterno ad essa, riduzione della sezione reagente, incremento della tensione su di essa; e così via fino al crollo.

In entrambi gli "step" i segni di "sofferenza" si manifestano innanzitutto nei punti più sollecitati del fabbricato: piattabande, archi, volte, spigoli, angoli, spallette di porte e finestre.

Tra le cause che producono lo schiacciamento, oltre a quanto innanzi detto, va riportato anche lo schiacciamento localizzato che si manifesta per il notevole carico che insiste nelle zone di appoggio delle travi. In genere per l'azione di inflessione delle travi, in queste zone ove vi sono le testate delle travi, esse si "slegano" dagli appoggi sulla muratura contemporaneamente al manifestarsi di un fenomeno di schiacciamento localizzato. I carichi concentrati inducono un fenomeno di schiacciamento con caratteristiche molto diverse per gli elementi murari e per i pilastri. Il carico localizzato sopra ad un setto murario, nelle direzione longitudinale provoca lesioni nella sommità dell'elemento, subito sotto al punto di applicazione della forza. Le fessure assumono l'andamento delle isostatiche di pressione; infatti nelle zone superiori immediatamente sottostanti al contorno compresso hanno convessità rivolta verso la mezzeria del muro ed allontanandosi dall'area sollecitata, si assottigliano gradualmente come si vede nella figura.

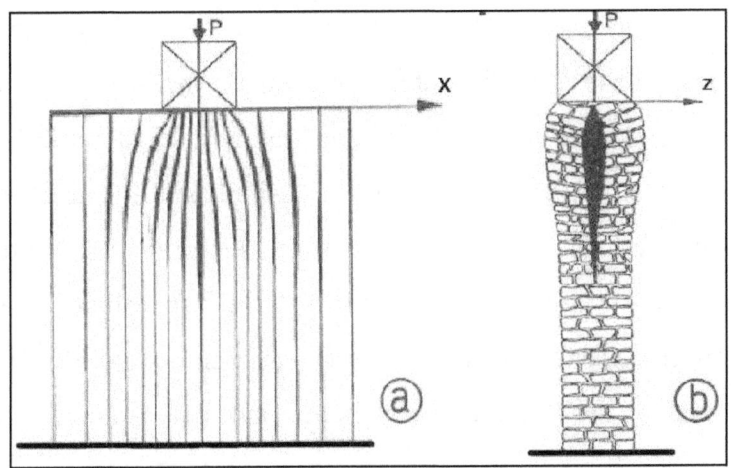

a) andamento della fessurazione in direzione longitudinale;
b) fessurazione in direzione trasversale.

Nella direzione trasversale del muro, invece, si forma una frattura nel piano medio localizzata nelle regioni immediatamente sottostanti al carico; tale lesione è spesso evidenziata dal rigonfiamento paramentale caratteristico della pressoflessione e l'ingobbamento da inflessione si trova di poco al di sotto del ciglio superiore del muro.

249

I dissesti per schiacciamento dei pilastri sono più gravi di quelli dei muri continui perché quest'ultimi possono, a differenza degli altri, "trarre sollievo", almeno in una direzione, dalla collaborazione delle regioni murarie contigue non ancora toccate dal dissesto. Nei pilastri monolitici, fatti cioè di un unico blocco di pietra, le fratture da schiacciamento prediligono le superfici interne verticali o inclinate di minor resistenza come le regioni con maggiori discontinuità della massa. Nel pilastri in muratura, le lesioni prediligono il tipo prismatico con fratture verticali a superficie di rottura variamente orientate, accertabili, in superficie dalle caratteristiche fessurazioni verticali, discontinue, alterne. Col progredire del cedimento anche le murature interne sono investite e il processo distruttivo volge velocemente verso gli stadi più precari.

2.1.1.3 Crollo per svergolamento travi con schiacciamento localizzato di "pulvino" in testa a pilastro

Un recente esempio catastrofico di fenomeno da schiacciamento si è avuto nella sede della seconda università di

Napoli Facoltà d'Ingegneria ad Aversa (vedi foto seguenti) ove per l'incremento di peso eccessivo (realizzazione di un masso in calcestruzzo R'ck 20/25, armato con rete elettrosaldata, non alleggerito di 15cm di spessore al di sopra di un preesistente e cospicuo masso sul vecchio solaio esistente) e per la eccessiva concentrazione di tensioni su di un pilastro in muratura, si è avuto un fenomeno di schiacciamento localizzato in testa al pilastro che ha condotto al crollo del solaio in ferro e voltine tufacee ed ovviamente del pilastro sottostante.

Evento luttuoso per crollo solaio alla Facoltà d'ingegneria di Aversa (CE)

crollo avvenuto il giorno 29.10.2015

SECONDA UNIVERSITA' DEGLI STUDI DI NAPOLI
FACOLTA' DI INGEGNERIA

RESTAURO,RISTRUTTURAZIONE, ADEGUAMENTO FUNZIONALE
R.C.S. DELL'ANNUNZIATA, AVERSA

PROGETTO ESECUTIVO 2° LOTTO FUNZIONALE

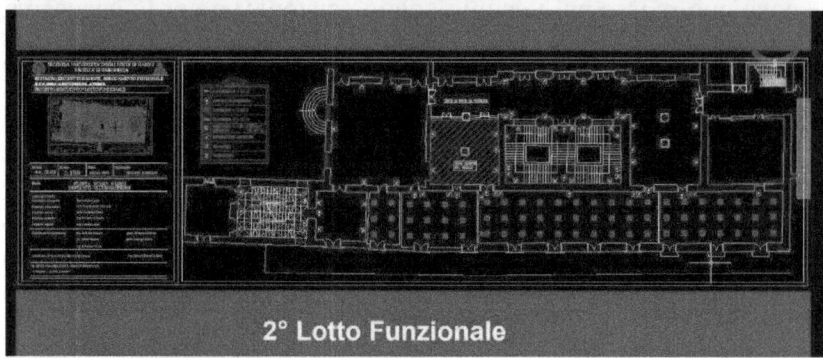

2° Lotto Funzionale

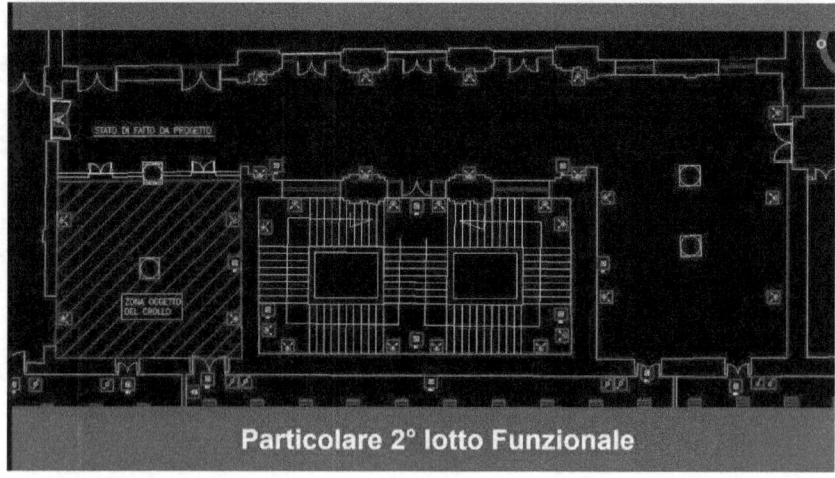

Particolare 2° lotto Funzionale

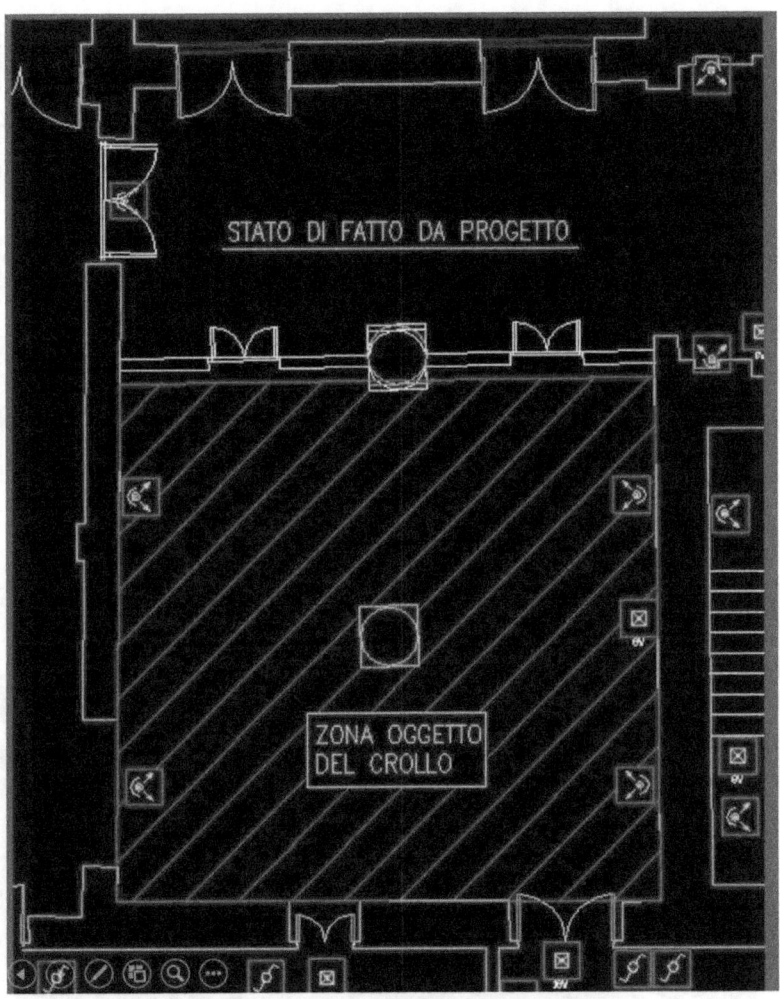

Zona interessata dal crollo

Residuo della zona crollata ove si nota lo schiacciamento localizzato in testa al pilastro "superstite" e la deformazione delle travi IPE sovrastanti – A. Spizuoco 2015

Deformazioni del "pulvino" in testa al pilastro e coppia di travi in ferro su cui scaricava il solaio crollato – si nota anche la traccia sul pilastro di una parete "demolita" prima del crollo – A. Spizuoco 2015

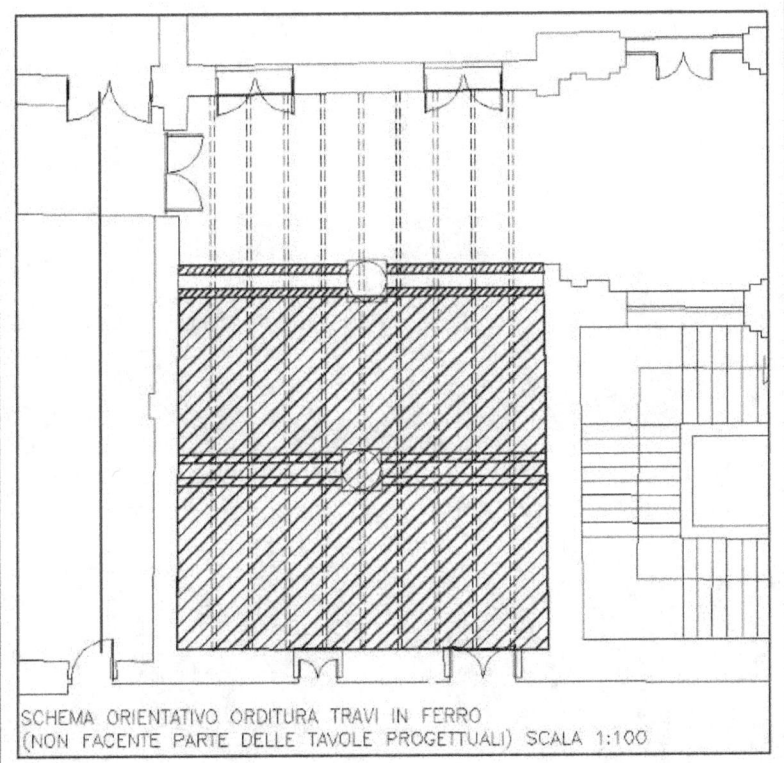

SCHEMA ORIENTATIVO ORDITURA TRAVI IN FERRO
(NON FACENTE PARTE DELLE TAVOLE PROGETTUALI) SCALA 1:100

Orditura travi in ferro della zona interessata dal crollo

(zona crollata a tratteggio pieno)

In realtà contrariamente al disegno sovrastante, le travi principali costituivano una coppia di profilati (con interposti mattoni) di larghezza di base eterogenea per complessivi 32cm poggianti su pulvino di dimensioni simili in testa al pilastro in mattoni di diametro pari a 60 cm. (vedi foto seguenti)

255

Sicuramente si è avuta una concentrazione di tensioni
proibitiva localizzata nella zona di appoggio dei profilati in
ferro sul pilastro sottostante

Nel fotogramma sono ben visibili mattoni interposti tra i
profilati in ferro non solidali ai profilati. In definitiva tutte le
tensioni si sono concentrate alla base di appoggio dei profilati
senza una distribuzione areale per la larghezza totale della
"accoppiamento" di travi.

2.1.1.4 Fotogrammi delle fasi lavorative

Asportazione guaina esistente e primo massetto

sottostante

Disposizione di rete elettrosaldata su secondo strato di

impermeabilizzazione rinvenuto

Disposizione di rete elettrosaldata su tutto il solaio

Inizio getto masso delle pendenze con conglomerato

R'ck=250kg/cmq

Vista di Porzione di massetto realizzata

Una delle Misurazioni spessore massetto = 13 cm

(ovviamente lo spessore era variabile)

Ulteriore fase di getto del massetto delle pendenze

Particolare del massetto

Inizio delle strisce di supporto ??? del massetto

Non si è riuscito a comprendere perché si stava realizzando un masso con calcestruzzo R'bk 250 anziché un massetto «alleggerito» così come il buon senso doveva suggerire !!!

Il lavoro di cui innanzi veniva eseguito su un solaio il cui intradosso si presentava alla seguente maniera

Intradosso del solaio sottostante con intonaco al soffitto asportato

Ulteriore vista dell'intradosso del solaio sottostante

E' da notare che la larghezza dell'accoppiata di travi in ferro in testa al pilastro è decisamente inferiore alla larghezza del pilastro sottostante

Particolare del solaio sottostante

Ultime fasi lavorative

Ultima fase lavorativa immediatamente prima del crollo

Mentre si stava eseguendo il getto del masso sovrastante cosa è successo

???

2.1.1.5 Fotogrammi del crollo

E' crollato il solaio provocando la morte dell'operaio che stava eseguendo il getto – A. Spizuoco 2015

Zona residua del solaio crollato – A. Spizuoco 2015

Reperti crollati nell'ambiente sottostante – A. Spizuoco 2015

Residuo della zona crollata ove si nota lo schiacciamento localizzato in testa al pilastro "superstite" e la deformazione delle travi IPE sovrastanti. Va notato che la

zona six (contrariamente alla zona d'influenza del pilastro crollato) non era stata ancora gettata.

Spessore del residuo di massetto in calcestruzzo realizzato sul solaio crollato – A. Spizuoco 2015

Schiacciamento del "pulvino" in testa al pilastro residuo e coppia di travi in ferro su cui scaricava il solaio crollato. Si nota anche la traccia sul pilastro di una parete "demolita" prima del crollo – A. Spizuoco 2015

Schiacciamento del "pulvino" in testa al pilastro residuo e deformazione della coppia di travi in ferro su cui scaricava il solaio crollato. Si nota anche la traccia sul pilastro di una parete "demolita" prima del crollo.

Residui del crollo con alcuni profilati e un residuo del

pilastro crollato – A. Spizuoco 2015

Nei vecchi solai in ferro possono esserci sempre giunzioni occulte (placcaggio bullonato nell'anima) "insidiose" per cui è sempre opportuna una ispezione "certosina".
A. Spizuoco 2015

Particolare di una giunzione eseguita nell'anima dei profilati – A. Spizuoco 2015

**Spessore di un vecchio strato di asfalto esistente sul solaio.
A. Spizuoco 2015**

**Dimensione della maglia armatura posta in sito nel
massetto di calcestruzzo – A. Spizuoco 2015**

Schiacciamento del "pulvino" in testa al pilastro residuo e deformazione del "colletto" in ferro in testa al pilastro, nonché deformazione della coppia di travi in ferro su cui scaricava il solaio crollato. Si nota anche la traccia sul pilastro di una parete "demolita" prima del crollo - A. Spizuoco 2015

Residuo pilastro crollato in cui si nota la cattiva "fattura" della muratura – A. Spizuoco 2015

Fase di demolizione del residuo solaio non crollato ed in cui è evidente lo schiacciamento del pulvino (cubetto su cui scaricavano i profilati portanti del solaio) sul pilastro. A. Spizuoco 2015

Si coglie l'occasione per sottolineare che spesso si manifestano lesioni al di sotto degli appoggi delle travi portanti di un solaio per cattiva esecuzione dei cuscinetti sottostanti. Per tale motivo, di frequente, si osserva sotto l'appoggio, il corrugamento dell'intonaco che denuncia lo schiacciamento del materiale murario e nelle zone laterali, le cui fessurazioni si presentano radiali a 45 gradi.

**Prof. Ing. Federico Mazzolani con l'ing. Angelo Spizuoco
durante le operazioni peritali**

**Indipendentemente dalle catastrofi che si verificano è
sempre un piacere incontrare un mio "vecchio" maestro**

280

CONCLUSIONI 1/3

Questo tipo di dissesto è molto più frequente di quanto si creda.

In genere viene provocato:

• dalla ricostruzione di solai in c.a. a seguito dell'abbattimento di solai in legno e/o in ferro;

• dal rifacimento di massetti sovrastanti solai esistenti.

CONCLUSIONI 2/3

In entrambi i casi si ha un aumento del carico che per pilastri in muratura o per solai non eccessivamente "in buone condizioni" può determinare la crisi.

281

CONCLUSIONI 3/3

Dovrebbe essere buona norma prima di eseguire la sostituzione di massetti di pendenze effettuare una «oculata ispezione» all'intradosso del solaio sottostante ed effettuare almeno una verifica «speditiva» non tanto delle tensioni di lavoro che in genere molto difficilmente vengono superate rispetto a quelle consentite, ma una verifica di «deformabilità» degli elementi strutturali coinvolti, giacché in genere è l'eccessiva deformabilità che manda in crisi il sistema.

Questo tipo di dissesto è molto più frequente di quanto si creda. In genere viene provocato dalla ricostruzione di solai in c.a. a seguito dell'abbattimento di solai in legno e/o in ferro. Tale intervento comporta un aumento del carico che per murature non eccessivamente "buone" può determinare la crisi.

Lo stesso fenomeno può essere innescato da cedimenti differenziali di maschi murari di estremità a danno di quello centrale. Infatti in tal caso i maschi murari di estremità si "aggrappano" a quello centrale determinando un aumento del carico verticale su di esso perché tutto il carico dei solai si trasferisce gravando su quest'ultimo. Va segnalato, ancora, che anche il sisma può innescare una procedura simile a quella precedente. Infatti l'evento sismico può mandare in crisi locale un maschio murario determinando la ridistribuzione degli sforzi e quindi un aggravio di carico verticale sui restanti pannelli murari ancora resistenti. Questo problema è particolarmente serio perché, essendo il primo rigonfiamento del muro quasi sempre impercettibile all'occhio non esperto e/o scambiato per una semplice imperfezione dell'intonaco, si può avere il collasso "improvviso" con conseguenze catastrofiche non intervenendo tempestivamente. In presenza di piccoli rigonfiamenti, è opportuno, perciò, osservare la verticalità dei due paramenti della muratura posizionandosi tra porte e finestre, nonché fare un riscontro almeno con filo a piombo e livella e/o con metro laser di ultima generazione. Quando si è certi di essere di fronte ad un fenomeno di schiacciamento, la prima cosa da fare, senza indugio, è quella di murare tutte le aperture incominciando dai piani bassi in modo da distribuire il carico su superfici più ampie, oppure di realizzare pannelli sandwich.

2.2.2 Fenomeni "puntuali" per effetto sismico

Unitamente alla lesione per schiacciamento in presenza di fenomeni sussultori, possono presentarsi ulteriori problemi.

Infatti lo scuotimento sismico dei solai può comportare la perdita dell'appoggio. In questo caso è facile notare la presenza del "distacco" del solaio dal filo della muratura e/o la presenza di lesioni al livello del battiscopa o nel pavimento in corrispondenza degli appoggi, come si evince dalle seguenti foto ove ad ogni tentativo di sfilamento si vede il corrispondente dissesto all'estradosso ossia sul pavimento del solaio.

Dissesto estradosso solaio per tentativo di sfilamento travi sottostanti in corrispondenza di una finestra.
A. Spizuoco 1981

Tentativo di sfilamento dagli appoggi travi sottostanti.

Dissesto estradosso solaio per tentativo di sfilamento travi sottostanti in corrispondenza di una porta - A. Spizuoco 1981

Sfilamento trave sottostante porta, zona d'angolo.
A. Spizuoco 1981

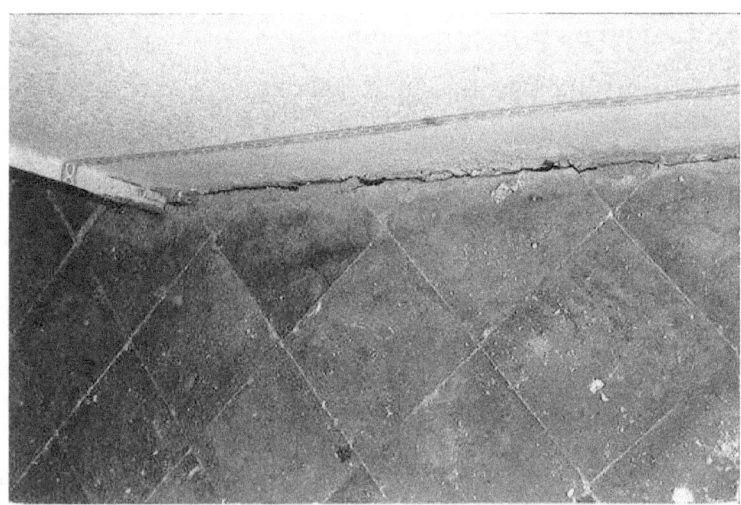

**Dissesto estradosso solaio per tentativo di sfilamento travi
sottostanti – A. Spizuoco 1981**

**Tentativo di Sfilamento travi in legno sottostante solaio
zona centrale – A. Spizuoco 1981**

2.2.3 Lesioni da pressoflessione

In presenza di pressoflessione, la rottura per compressione delle murature avviene prima che siano raggiunti i limiti di resistenza del materiale allo schiacciamento, a causa della sovrapposizione delle tensioni prodotte dalla flessione e dalla compressione. Questa tipologia di dissesto è strettamente correlata ai fenomeni di carico di punta ed è prodotta dalla presenza di un'azione di compressione non centrata rispetto alla sezione del muro. In presenza di zone meno caricate (tipicamente le zone immediatamente al di sopra dei fori finestra), è possibile invece notare lesioni orizzontali dovute alle tensioni di trazione prodotte dalle flessione. La principale causa perturbatrice capace d'indurre questo dissesto è l'eterogeneità dei moduli elastici che caratterizzano i materiali costituenti la muratura; essa determina, infatti, un'eccentricità dell'asse meccanico della membratura rispetto a quello geometrico, anche nel caso in cui quest'ultimo sia perfettamente verticale. Visivamente, la lesione caratteristica del dissesto da pressoflessione, si manifesta sotto forma di deformazione, caratterizzata dallo smembramento della compagine in due o più tronchi verticali separati da superficie di discontinuità irregolari con andamento medio parallelo ai paramenti.

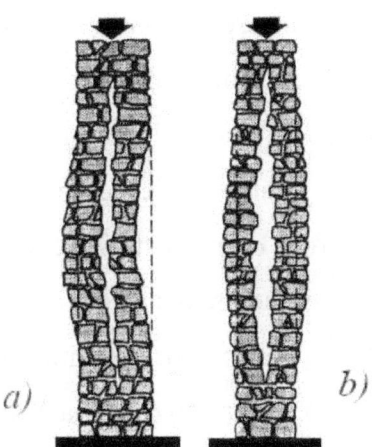

a) paramento con inflessione concorde;
b) paramento con inflessione discorde (Zevi, 2002).

Per effetto di questo dissesto i paramenti subiscono una inflessione concorde o discorde a seconda che le frecce d'incurvamento abbiano lo stesso senso o senso contrario. Nelle murature ordinarie di fabbrica si stabilisce, in genere, una sola superficie interna di discontinuità. Solo nei muri di grosso spessore le superfici di discontinuità sono più di una e il prisma murario si risolve in più di due elementi. La flessione iniziale comincia sempre dal paramento più resistente.

3.1.1 Lesioni relative e/o conseguenti alle strutture orizzontali: <u>Solai:</u>

In genere le lesioni connesse ad una eccessiva deformazione di un solaio sono localizzate in corrispondenza della mezzeria e presentano un andamento parallelo od ortogonale ai travetti, a seconda del tipo di solaio. Un'eccessiva deformazione dei solai, dovuta ad errori di progettazione o alla presenza di carichi elevati, può frequentemente condurre alla lesione dei tramezzi sovrastanti del piano superiore, con fratture ad andamento parabolico, completo o parziale.

Spesso è anche possibile individuare quale solaio o quali solai di interpiano sono responsabili delle lesioni, interpretando la morfologia che caratterizza la manifestazione.

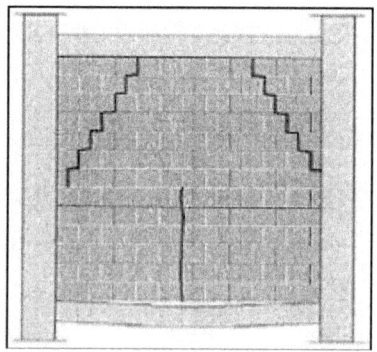

Schema indicativo di lesioni causate dalla deformazione del solaio inferiore.

**Frattura causata dalla eccessiva deformazione del solaio
inferiore – A. Spizuoco 2013**

**Lesione causata dalla deformazione del solaio inferiore.
A. Spizuoco 2013**

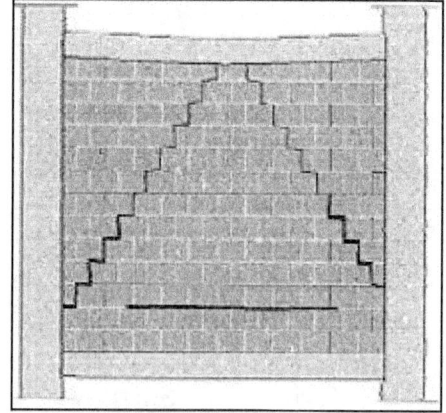

**Schema indicativo di lesioni causate dalla deformazione
del solaio superiore.**

Lesione in corso di formazione causata dalla deformazione del solaio superiore – A. Spizuoco 2013

Lesione in fase di evoluzione causata dalla deformazione del solaio superiore – A. Spizuoco 2013

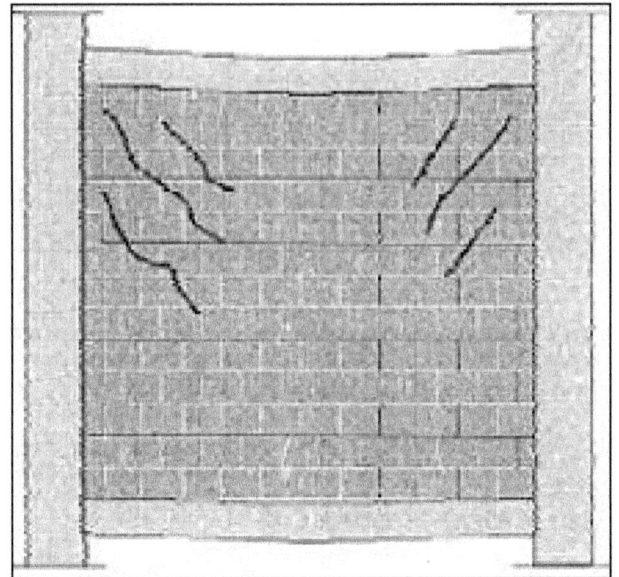

**Lesione causata dalla deformazione di solai che si
deformano in maniera equivalente.**

Va segnalato che spesso occorre verificare in modo
"speditivo" la orizzontalità del solai e/o la complanarità
delle superfici verticali su tramezzature soggette a dissesto
(vedi foto seguenti).

Controllo speditivo della orizzontalità dei solai - A. Spizuoco 2013.

**Controllo speditivo della complanarità di superfici
verticali appartenenti a partizioni verticali soggette a
dissesto – A. Spizuoco 2013**

3.1.2 Volte:

Le volte e gli archi sono strutture resistenti per "forma".

La variazione di forma o un aumento del valore dei carichi sovrastanti gli archi e le volte possono, oltre che danneggiare le strutture voltate stesse, produrre degli incrementi di spinta che causano dissesti in corrispondenza dei piedritti.

Nelle strutture murarie può essere ravvisabile uno spanciamento del piedritto e della muratura sovrastante, non simmetrico rispetto al centro di spinta, in cui la parte superiore è più estesa quanto più i piani sono alti e l'azione di ritegno dei solai inefficace. In corrispondenza degli archi e delle volte possono presentarsi delle fratture localizzate in corrispondenza della sezione di chiave e alle reni.

Se queste fratture si sono formate sia alle reni che in chiave, risulta indispensabile puntellare (vedi foto seguenti) tutto l'arco perché si è in presenza della formazione dell'ultimo stadio di equilibrio statico essendo in presenza della generazione di un arco a tre cerniere. Una ulteriore frattura produrrebbe un evento catastrofico perché il sistema diventerebbe labile.

Lesione in chiave lato six – A. Spizuoco 1980

297

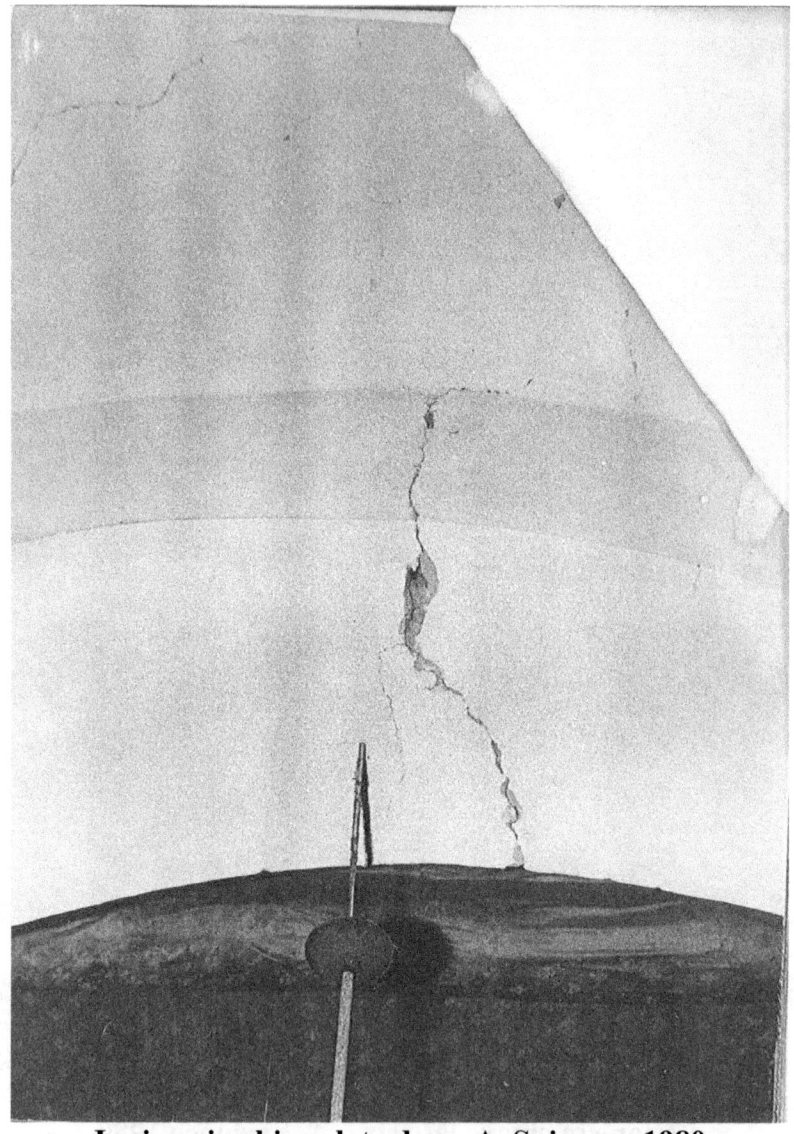

Lesione in chiave lato dex – A. Spizuoco 1980

Lesione al "rene" six – A. Spizuoco 1980

Lesione al "rene" dex – A. Spizuoco 1980

300

Puntellatura dell'arco di cui innanzi predisposta negli anni 80 dall'ing. Angelo Spizuoco.

Lesione longitudinale nella cupola della Parrocchia di San

Vitaliano (NA) – A. Spizuoco 1981

Le cause di questi dissesti possono appunto essere:

- Variazioni di forma: sono in genere prodotte da una spinta eccessiva sui piedritti, che determina una loro divaricazione e un abbassamento in chiave della volta o dell'arco, oppure da un cedimento dei piedritti che può essere causato da schiacciamento o da dissesto delle fondazioni;

- Variazione di carichi: variazioni prodotte da eccessivi sovraccarichi (ad esempio a causa di variazione di destinazione d'uso o per la realizzazione di tramezzature pesanti), da lavori di trasformazione interna o da sopralzi che inducono carichi non previsti nelle strutture voltate o nei piedritti preesistenti, possono essere fonte di dissesto; variazioni prodotte da eccessivo decremento dei carichi, come l'eliminazione della zavorra di rinfianco all'estradosso delle volte che può indurre un fenomeno di "depressione" nella volta.

Quanto innanzi, nel tempo, produce dei dissesti che in linea di massima si possono sempre raggruppare in:

- Lesioni longitudinali nella cupola;
- Rottura isolata di uno o più archi di appoggio;
- Fuori piombo di uno o più pilastri.

Questo, perché generalmente, la base delle cupole poggia su quattro archi che a loro volta scaricano su due pilastri per un totale di otto pilastri.

Ciò comporta elevate concentrazioni di tensioni in fondazione che provocano i dissesti prima segnalati.

Va detto che, le lesioni su archi e volte si verificano in genere per sfiancamento e inizialmente le fratture si localizzano lungo le intersezioni delle falde e dei piedritti.

E' appena il caso di segnalare che nei comuni archi a tutto sesto o ribassato le lesioni si manifestano in chiave e alle reni mentre **ai piani superiori il pavimento risulta "affossato".**

Nelle volte a sesto "acuto" può anche verificarsi che si manifesti, contrariamente al fenomeno precedente, **un innalzamento in chiave, invece di un "affossamento".**

Ciò si verifica per un eccessivo sovraccarico nelle zone laterali.

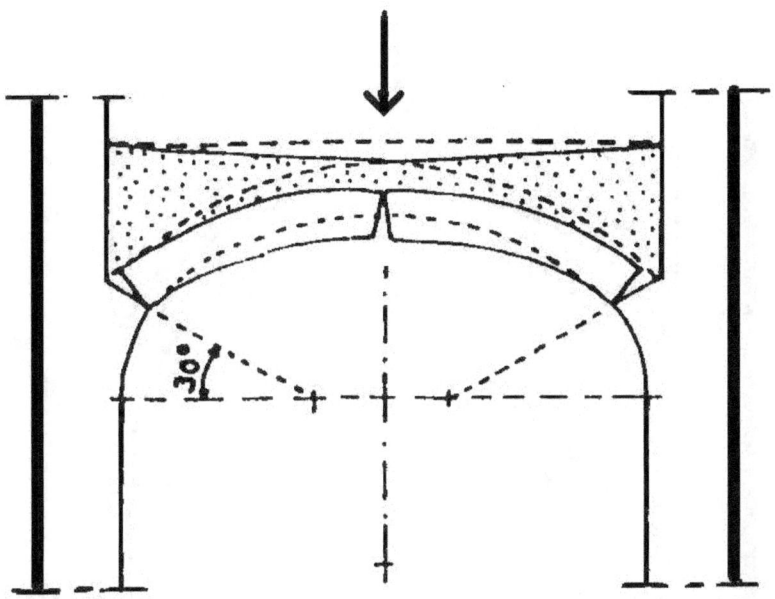

Lesioni in chiave ed ai reni con "infossamento" del pavimento al piano superiore

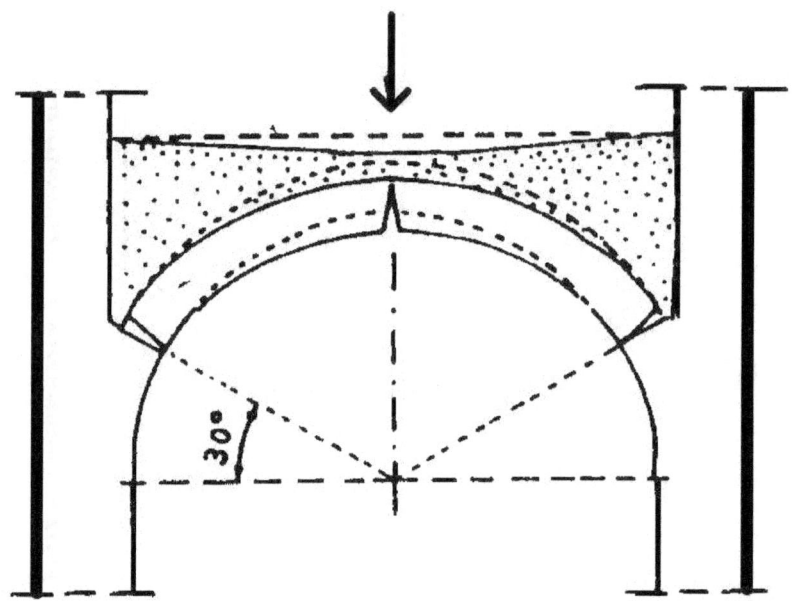

Lesioni in chiave ed ai reni con "infossamento" del pavimento al piano superiore

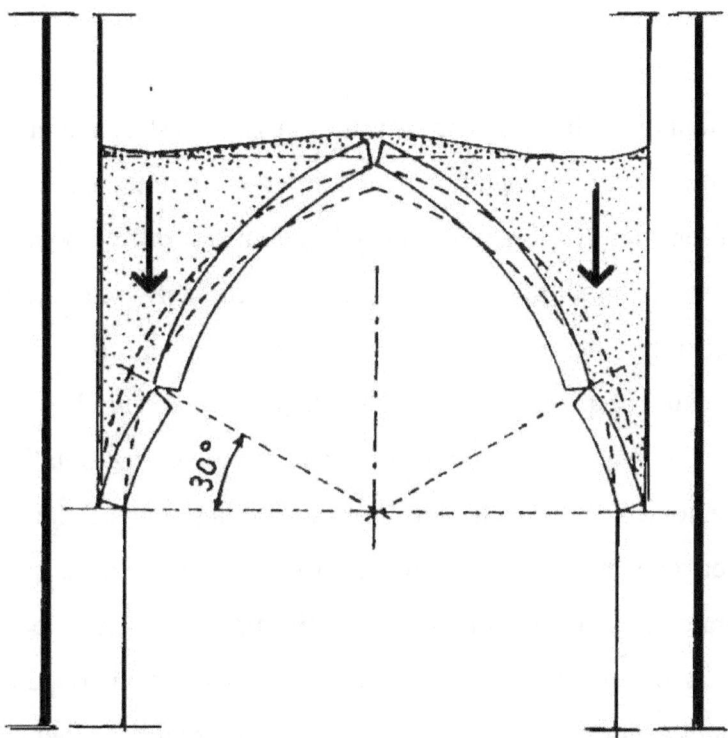

Lesioni in chiave ed ai reni con "innalzamento" in chiave

4.1.1 Casi reali di Lesioni dovute ad azioni sismiche e/o vibratorie

I fenomeni vibratori/sismici posso arrecare estesi danni alle strutture in muratura in funzione di intensità e frequenza ovvero alla rapidità di vibrazione. Le vibrazioni da traffico sono, ad esempio, caratterizzate da piccola ampiezza ed elevata frequenza, mentre a quelle corrispondenti al sisma sono associate ampiezze maggiori e frequenze ridotte. Le forze associate a questi fenomeni sono generalmente orizzontali. Ad eccezione del vento, che agisce attraverso la sua pressione sulle pareti che individuano l'involucro strutturale, le altre azioni vibratorie sono trasmesse alla struttura attraverso le sue fondazioni. A seconda che l'azione sia esercitata, rispetto i pannelli murari, nel loro piano o perpendicolarmente ad essi, gli effetti cambiano. La presenza di orizzontamenti rigidi nel proprio piano ha generalmente un effetto benefico relativamente al comportamento scatolare del fabbricato, migliorandone le capacità strutturali. Le lesioni caratteristiche associate ai moti vibratori sono relativi alle azioni nel piano delle pareti ed hanno la caratteristica inclinazione a 45° e, nei casi di sisma più violenti, la conformazione a croce di Sant'Andrea (vedi foto seguenti).

Sisma Aquila – Aprile 2009

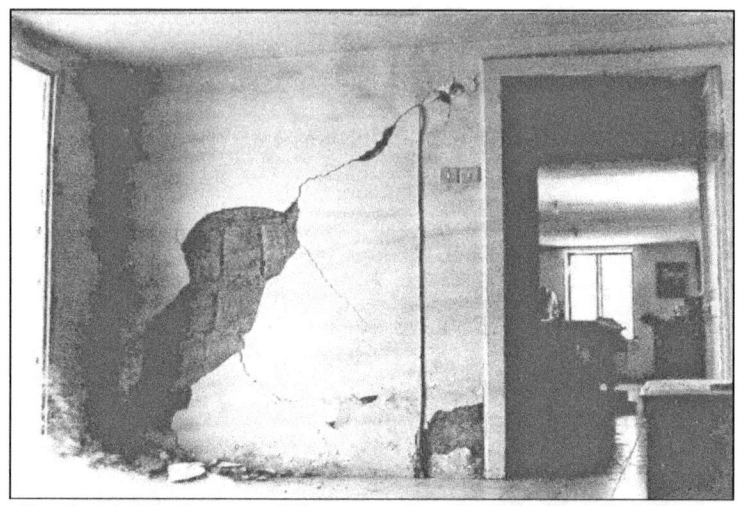

Lesioni da sisma – 23 novembre 1980 – A. Spizuoco

Lesioni primarie e secondarie – 23 novembre 1980.
A. Spizuoco

Crollo di muratura per eccessiva fratturazione a scossa primaria – 23 novembre 1980 – A. Spizuoco

Comunemente, gli edifici in muratura presentano quadri di dissesto di origine sismica catalogati in termini di meccanismi di collasso; ad esempio, la rotazione fuori piano della facciata. In presenza, poi, di solai in travi di legno o acciaio semplicemente "incastrate" nella muratura o di travi di copertura, è possibile che la parete di "appoggio" sia punzonata dalle travi stesse che, soggette all'azione sismica, agiscono come un "ariete" sulla struttura.

311

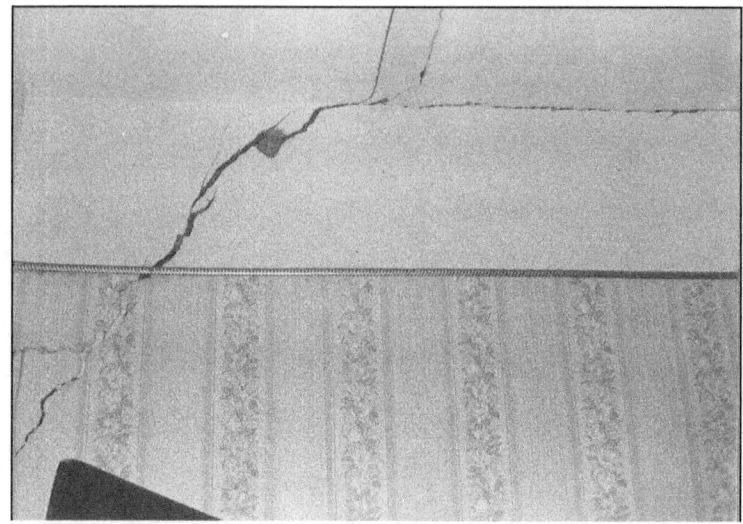

Effetto della presenza di travi in ferro sulla muratura durante un sisma – 1980 – A. Spizuoco

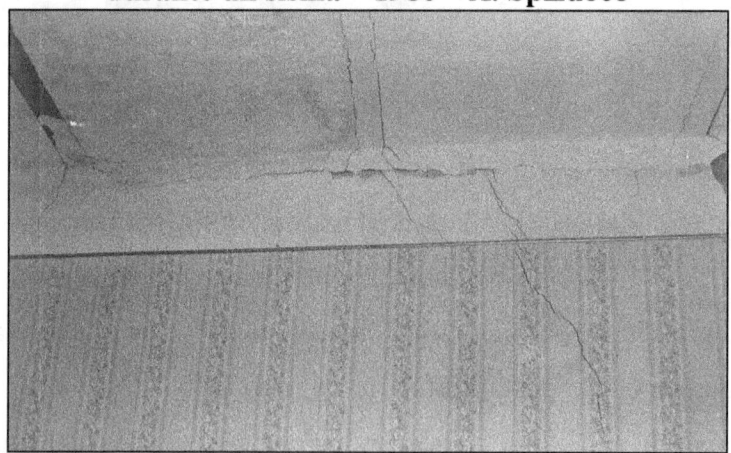

Effetto della presenza di travi in ferro sulla muratura durante un sisma -1980 – A. Spizuoco

Più dannosa può presentarsi l'azione esercitata sulla struttura muraria dalle travi di copertura (vedi foto seguenti).

Sisma Aprile 2009 – Aquila

Onna Sisma Aprile 2009 (AQ) – A. Spizuoco

313

L'ing. Angelo Spizuoco sui luoghi del disastro Onna (AQ).

Fratture generate dalla prima onda sismica e da quelle successive Onna (AQ) Sisma aprile 2009 – A. Spizuoco

Sisma Abruzzo - Aprile 2009 – A. Spizuoco

Sisma Abruzzo - Aprile 2009 – A. Spizuoco

Sisma Abruzzo - Aprile 2009 – A. Spizuoco

Sisma Abruzzo Aprile 2009 – A. Spizuoco

Zona di estremità di una "catenaria"
- Sisma Abruzzo – Aprile 2009 – A. Spizuoco

Sisma Abruzzo – Aprile 2009 – A. Spizuoco

Sisma del 14 febbraio 1981 - Visciano (NA) - A. Spizuoco

**Crollo delle volte a mezza botte rampante della scala,
Sisma del 14 febbraio 1981 - Visciano (NA) – A. Spizuoco**

**Crollo delle volte a mezza botte rampante del corpo scala,
Sisma del 14 febbraio 1981 - Visciano (NA) - A. Spizuoco**

**Lesioni in chiave all'arco della torre campanaria, Chiesa
Madre, Afragola (NA) – A. Spizuoco 1981**

**Lesioni in chiave all'arco della torre campanaria, Chiesa
Madre, Afragola (NA) – A. Spizuoco 1981**

**Lesioni in chiave di un'arcata della Chiesa Madre,
Afragola (NA) – A. Spizuoco 1981**

**Lesioni in chiave di un'arcata della Chiesa Madre,
Afragola (NA) – A. Spizuoco 1981**

Infine, il terreno di fondazione può subire, in presenza di sisma ed altri fenomeni vibratori, costipamenti e smottamenti che influiscono sulle strutture sovrastanti sotto forma di cedimenti fondali, provocando i dissesti conseguenti.

Nei paragrafi precedenti si è tentato di fornire una breve sintesi delle principali cause di dissesto e della modalità di manifestazione in via più generale possibile; va per questo motivo specificato che nella pratica professionale è molto facile imbattersi in uno scostamento tra la morfologia delle lesioni reali e quelle teoriche, differenza prodotta da anomalie costruttive, frequentemente presenti nelle strutture murarie. Tali anomalie possono essere ricondotte a tutte quelle opere di manutenzione, modifica, demolizione, o ampliamento che si sono succedute nel corso del tempo, oppure alla presenza di tecniche e/o materiali costruttivi scadenti. Un tipico esempio è quello relativo all'assenza di ammorsamenti murari fra pareti mutuamente ortogonali che generano lesioni strutturali (vedi foto seguente), come pure possono aversi delle lesioni orizzontali in corrispondenza dei giunti di malta delle murature, fenomeno attribuibile ad un comportamento anomalo intonaco/muratura.

Inoltre, sulla risposta sismica dell'edificio incide fortemente anche la tipologia di sezione trasversale delle pareti, a seconda che esse siano ad un unico o a più paramenti e della qualità delle connessioni tra gli stessi. Questa variabilità comporta una diversa risposta che può tanto più essere vicina a quella di "blocco rigido" piuttosto che di elementi che lavorano in maniera disgregata ed indipendente.

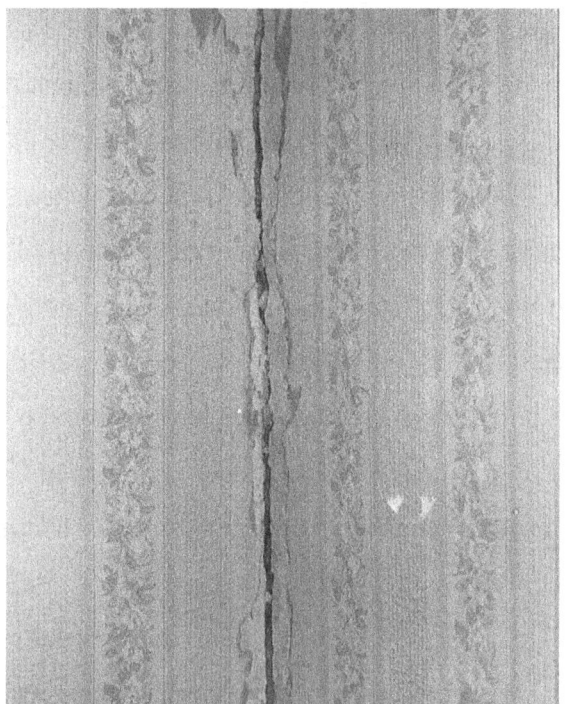

Sconnessione tra muri mutuamente ortogonali
A. Spizuoco 1980

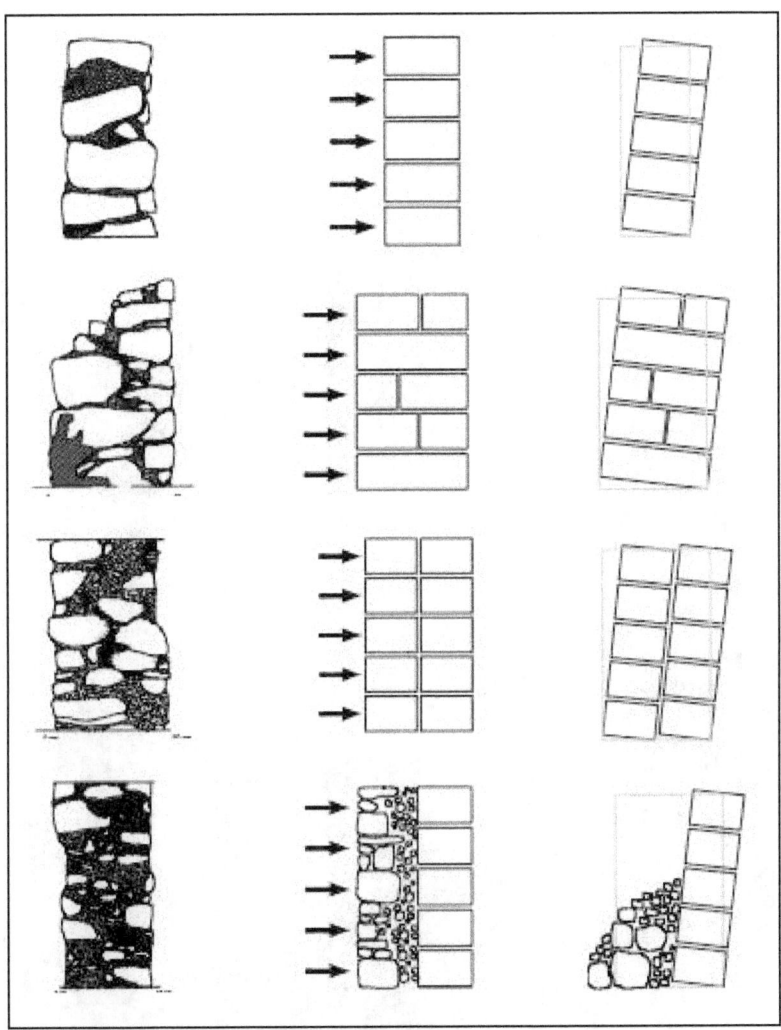

Influenza della tipologia di sezione muraria.

Dissesto da sisma 23-11-1980 Chiesa di San Vitaliano (NA)
A. Spizuoco 1980

Lesione in chiave ed al portale, 23-11-1980 Chiesa di San Vitaliano (NA) a piazza Nicola Tofano – A. Spizuoco

**Frattura da sisma 23-11-1980 torre orologio –
Piazza Nicola Tofano San Vitaliano (NA) – A. Spizuoco**

Particolare del dissesto alla torre civica dell'orologio
A. Spizuoco 1980

Fase iniziale di puntellamento – A. Spizuoco 1980

Ulteriore fase preparatoria – A. Spizuoco 1980

Puntellatura e armatura in legno predisposta dall'ing. Angelo Spizuoco, il giorno immediatamente dopo il Sisma del 23-11-1980, per lavori di messa in sicurezza e riparazione della parrocchia di San Vitaliano (NA) progettati e diretti dal medesimo.

Il tutto fu eseguito con carpenteria in legno giacché il giorno successivo al sisma erano introvabili puntellature e/o ponteggi metallici.

4.2 Anomali quadri fessurativi in manufatti di Architettura sottrattiva: il caso di Bet Aba Libanos

4.2.1. Premessa

Nel Centro-Nord dell'Etiopia a circa 600km a Nord di Addis Abeba in una delle zone più povere a Lalibela, una cittadina di 12000 abitanti, ad un'altitudine di 2500m esiste uno splendido complesso medioevale di chiese scavate nella roccia tufacea di origine vulcanica, in zona rinvenibile ovunque.

Questo complesso di 11 chiese fu realizzato durante il regno del re Lalibela (1185-1207) della dinastia Zagwe.

Fin dal 1978, le chiese e le aree circostanti sono state inserite nella Lista del Patrimonio Mondiale dell'UNESCO.

E' molto discutibile la scelta operata per proteggere le chiese dal sole e dagli agenti atmosferici!

Si nota che sono state realizzate delle ciclopiche strutture che in realtà poco beneficio apportano per la effettiva "protezione" dei manufatti. Infatti esse non esplicano nessuna protezione nei confronti dell'azione erosiva del vento; esplicano una limitata azione di protezione nei confronti della pioggia; proteggono soltanto dall'azione d'urto dell'acqua di origine zenitale ma non certamente da una eventuale azione erosiva dell'acqua in superficie e al piede dei manufatti, questo perché l'acqua che defluisce sulla superficie del versante in ogni caso raggiunge le chiese.

Sarebbe stata più' efficace predisporre una idoneo drenaggio di superficie e alla base delle chiese.

Le opere eseguite rappresentano il classico ed inutile spreco di denaro determinando, inoltre, un evidente impatto ambientale.

Sarebbe stato più opportuno eseguire interventi di ingegneria naturalistica finalizzati alla protezione delle chiese e del territorio senza alterare visivamente il paesaggio originario.

Per un naturale effetto di peneplazione le chiese interessate da giunti a "franapoggio" sono inesorabilmente destinate a "franare". Questo destino può essere ritardato soltanto con interventi tendenti a migliorare l'attuale situazione di degrado.

Per esperienze dirette dello scrivente su tufo vulcanico, si ritiene che se il tufo in cui sorgono le chiese diviene saturo, diminuiscono i valori delle caratteristiche meccaniche anche del 20%. A ciò va aggiunto che fondamentale importanza ha la "scabrezza" delle discontinuità ed il materiale di riempimento di esse.

Occorre molta attenzione. perciò, che i giunti di stratificazione non divengono saturi ad evitare un innesco di scorrimento planare lungo le superfici di discontinuità.

Osservando le chiese si evince che esse non sono sempre della stessa fattura e si intuisce che la loro costruzione sia avvenuta in più "tappe".

Ciò perché si osservano "gallerie profonde", "cunicoli" ed in particolare la maggior parte di queste chiese sono state ricavate ampliando e modificando caverne preesistenti o adattandole ad esse.

Lo scrivente è del parere che soltanto alcune di esse sono frutto di un'attenta lavorazione (derivante da una tecnica applicativa più elaborata), scavate e scolpite in solidi ammassi rocciosi. In tali casi l'esecuzione dei lavori è stata attentamente ponderata ed è stata frutto di una certosina valutazione prima di incominciare l'opera.

Valutazione scaturente dallo scavo di appositi pozzi esplorativi, evidentemente, utilizzati successivamente anche come pozzi di areazione.

Queste chiese sono da considerarsi l'emblema di una avanzata arte mineraria.

4.2.2 Quadro fessurativo della Bet Aba Libanos

Una di queste chiese, soggetta ad evidente patologia, è senza ombra di dubbio la Bet Aba Libanos.

Questa presenta due fenomeni dannosi che ne pregiudicano la stabilità:

- Erosione del tufo vulcanico per effetto dell'azione erosiva dell'acqua nella zona bassa dell'edificio;

- Movimento della facciata e delle pareti laterali come conseguenza di discontinuità nell'ammasso roccioso.

337

Si è verificata, in passato, una distruzione della facciata come conseguenza di un vecchio scorrimento planare. Per contrastare questo movimento sono state costruite delle pareti con pietre squadrate in sostituzione della originaria roccia crollata.

Bet Aba Libanos

Particolare della facciata laterale della chiesa

Nel fotogramma seguente lo scrivente ha evidenziato gli interventi eseguiti sulla facciata della chiesa ove chiaramente si individuano le lavorazioni effettuate da maestranze diversificate.

339

Evidenza degli interventi eseguiti in epoche diverse

In uno studio precedente effettuato da (Delmonaco et al. 2005) è riportato che la facciata "corta" della chiesa presenta fratture con un DIP di 47°.

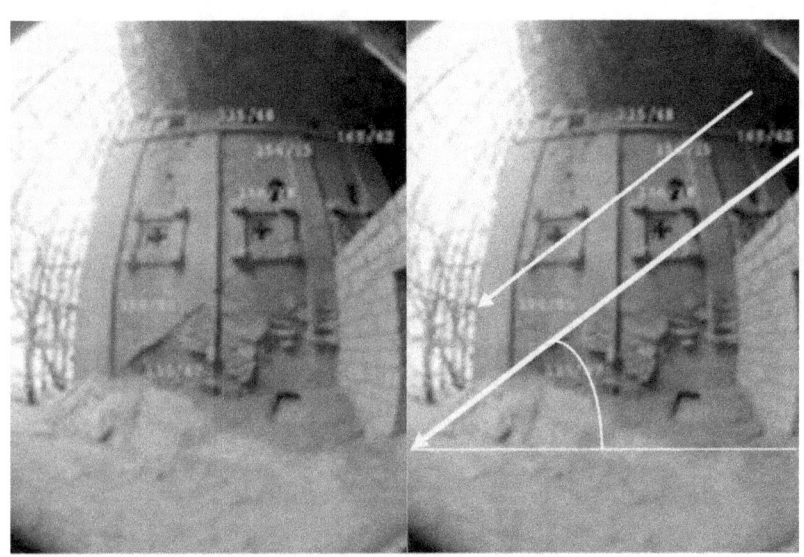

Si è del parere che quanto riportato sia errato perché la superficie esposta (in questo caso la facciata piccola laterale della chiesa) non è perpendicolare alla direzione degli strati.

In questa superficie si notano fratture inclinate a 47 gradi indicate in figura come se fosse la traccia dell'inclinazione dei piani di discontinuità.

Essendo le fratture osservate su di una superficie non perpendicolare rispetto alla direzione degli strati, si deduce che l'inclinazione di 47 gradi riportati nel DIP è una inclinazione apparente maggiore di quella reale, giacché per avere la effettiva inclinazione degli strati, la sezione doveva essere perpendicolare rispetto alla direzione degli strati, ossia doveva passare per lo spigolo tra le due facciate della chiesa.

Se sulla superficie laterale perpendicolare alla facciata principale, abbiamo a vista tracce di discontinuità con un angolo di 47° significa che l'inclinazione del piano di scorrimento immergente verso lo spigolo della chiesa è di circa 24°.

Nel seguente fotogramma lo scrivente ha ricostruito l'andamento dei piani di scorrimento nell'ammasso roccioso interagenti con la struttura della chiesa.

Rappresentazione schematica qualitativa dei piani di scorrimento nell'ammasso roccioso interagente con la chiesa

Se la chiesa è stata scavata nella roccia significa che le discontinuità sulle facciate della chiesa rappresentano i giunti di strato e/o i loro effetti sul manufatto. Ciò vuol dire che la immersione delle discontinuità cambia dall'alto verso il basso. L'immersione **a** è verso l'esterno della facciata.

Le immersioni **b** e **c** divergono di circa 35 gradi dalla precedente ed in particolare indicano una immersione verso lo spigolo in primo piano (vedi figura precedente). L'edificio, ricavato nella roccia, pertanto è interessato da discontinuità immergenti verso lo spigolo che dovrebbe rappresentare la parte più "instabile".

5.1.1 IL RILIEVO DEI QUADRI FESSURATIVI

Sebbene la documentazione di seguito riportata faccia parte del Protocollo di Progettazione per la Realizzazione degli Interventi di Ricostruzione Post-Sisma sugli Edifici Privati emanato dalla Regione Molise nel Gennaio e nel Marzo 2006, le "Indicazioni per la valutazione della qualità delle murature" e le "Indicazioni per la dimostrazione del danno" si ritengono validi strumenti generali per un approccio metodologico alla mappatura dei dissesti e dei quadri fessurativi, anche in riferimento alla simbologia utilizzabile in fase di restituzione grafica. Si riporta, di seguito, perciò, in stralcio, la PARTE I, in cui l'Allegato 3D è dedicato al riconoscimento della qualità muraria, mentre l'Allegato 3C1 è dedicato alla valutazione del livello di danno.

5.1.2 Stralcio dell'allegato 3D:

1 - INDICAZIONI PER IL RICONOSCIMENTO DELLA QUALITÀ MURARIA

Per la lettura delle tipologie murarie e la valutazione della loro qualità si è fatto riferimento all'allegato B della Direttiva del *CTS (Comitato Tecnico Scientifico)* per la ricostruzione (Decreto del CD n.35/2005) utilizzando un metodo di lavoro basato sulla scheda murature del *GNDT (Gruppo Nazionale per la Difesa dai Terremoti)*.Di seguito si riporta la *Guida alla lettura delle tipologie murarie (allegato B Decreto CD n.35/2005)* e l'illustrazione del metodo proposto con l'utilizzo della citata scheda murature.

2 - RICONOSCIMENTO DELLA QUALITÀ MURARIA

Per il riconoscimento della qualità muraria si è fatto riferimento alle osservazioni effettuate sugli edifici in muratura del Molise danneggiati dagli eventi sismici del 2002 utilizzando una metodologia che consente di individuare il tipo di muratura, in base agli elementi che la costituiscono, alla classe di qualità e al il tipo di comportamento meccanico. Il metodo consiste nella correlazione tra gli elementi tipologici delle murature, riconoscibili con la *scheda murature* GNDT (tessitura, posa in opera, sezione trasversale, presenza intonaco, collegamenti tra pareti murarie, interventi recenti e stato di consistenza), i tipi di murature previsti dalla normativa per la ricostruzione in Molise *(allegato B tabella 11D dell'allegato B Decreto del Commissario Delegato n.35/2005)* e le indicazioni contenute nel *Manuale di Agibilità a cura di SS-GNDT*.
Per ogni tipologia muraria sono state, inoltre, individuate alcune sottotipologie caratterizzate dalla variabilità di fattori specifici quali la tessitura, la posa in opera, la presenza dell'intonaco e lo stato di conservazione.
Per attribuire un giudizio di qualità sono state individuate due classi di muratura, indipendentemente dalla tipologia, *"tenendo conto del materiale utilizzato e della sua tessitura nel paramento, della qualità del legante e delle modalità costruttive" (classificazione scheda di agibilità a cura di SSN e GNDT – 2000)*

"Muratura di tipo I : a tessitura irregolare e di cattiva qualità :
Questo tipo di muratura di pietra naturale manifesta un comportamento sfavorevole caratterizzato da:
- *elevata vulnerabilità per azioni fuori del piano, con tendenza allo scompaginamento ed allo sfaldamento dell'apparecchio murario, anche per instabilità dei singoli paramenti mal collegati o non collegati, sotto carichi verticali;*
- *scarsa resistenza per azioni nel piano, a causa sia della scarsa resistenza intrinseca dei materiali, ed in particolare della malta, sia per lo scarso attrito che può svilupparsi tra gli elementi lapidei, in relazione alla configurazione dell'apparecchio murario.*
In conseguenza di ciò i meccanismi di danneggiamento di questo tipo di muratura portano sovente a crolli rovinosi sotto azioni di medio-bassa intensità.

Muratura di tipo II : a tessitura regolare e di buona qualità
Questo tipo di muratura di pietra naturale o artificiale manifesta un comportamento favorevole caratterizzato da:
- *bassa vulnerabilità per azioni fuori del piano, sempre che la parete sia correttamente vincolata superiormente ed inferiormente a solai rigidi o semirigidi, in grado di ridistribuire le azioni sismiche alle pareti parallele all'azione, con comportamento monolitico della parete;*
- *media o elevata resistenza per azioni nel piano della parete, grazie alla resistenza intrinseca dei materiali, in particolare della malta, e/o per l'attrito che può svilupparsi tra i blocchi o gli elementi lapidei, in relazione alla configurazione regolare dell'apparecchio murario.*

In conseguenza di ciò i meccanismi di danneggiamento di questo tipo di muratura non determinano crolli sotto azioni di media intensità. I collassi sotto azioni di elevata intensità avvengono in maniera progressiva, e sono prevalentemente legati allo sviluppo di lesioni diagonali nel piano con dislocazioni eccessive di porzioni di muratura.
Nella tabella n.3 sono indicati:
- in verticale : i tipi di muratura classificati nella tabella 11D della Normativa per la ricostruzione in Molise e nell'Abaco del Manuale di agibilità. Per ogni tipo, in base alla variabilità degli elementi caratteristici della scheda GNDT sono state individuate anche delle sottotipologie.
- in orizzontale, gli elementi di riconoscimento previsti dalla scheda murature del GNDT.

Il tecnico, per procedere al riconoscimento della tipologia muraria, sarà guidato dalla *scheda murature* GNDT (da compilare per ogni tipo di muratura presente nell'edificio) e, con l'ausilio della tabella n.3, potrà riconoscere il tipo di muratura e avere indicazioni sulla qualità muraria per attribuire con maggiore certezza il valore delle proprietà meccaniche e dei relativi coefficienti di maggiorazione (tabella 14) all'interno dell'intervallo previsto dalla citata tabella 11D.

2.2 - ABACO DEGLI ELEMENTI CARATTERISTICI DELLA MURATURA
SCHEDA MURATURE GNDT (Binda - Mannoni)

Cod	ELEMENTI CARATTERISTICI	DESCRIZIONE DEGLI ELEMENTI CARATTERISTICI POSSIBILI							
1	ELEMENTI COSTITUTIVI	1	2	3	4	5	6	7	8
1.1	Materiale	arenaria	calcare	tufo	calcarenite	Mattoni cotti	Mattoni crudi	Vario di riempiego	
1.2	Lavorazione	Assente ciottoli	sbozzatura	A spigoli finiti	A conci squadrati				
1.3	Dimensioni (diagonale)	Piccole (< 15 cm)	Medie (15-25 cm)	Grandi (>25 cm)					
1.4	Stato di conservazione	Pessimo	Discreto buono						
2	MALTA								
2.1	Tipo	Calce aerea	Calce idraulica	Cementizia					
2.2	Stato conservazione e consistenza	incoerente	friabile	Tenace					
2.3	Funzione	Allettamento	riempimento	stilatura					
3	POSA IN OPERA DEGLI ELEMENTI								
3.1	Tessitura dei paramenti	disordinata	Corsi irregolari	Corsi orizzontali					
3.2	Posa degli elementi	casuale	A lisca di pesce	Orizzontale/ve rticale	Orizzontale				
3.3	Ricorsi o listatura	assenti	Mattoni	Altro					
3.4	Zeppe o scaglie	Assenti	In pietra	In cotto					
4	SEZIONE TRASVERSALE								
4.1	Tipologie	Paramento unico	Due paramenti accostati	Due paramenti ammorsati	A sacco incoerente	A sacco coerente	Parame nto aggiunto		
4.2	Spessore	<30 cm	40-50 cm	60-70 cm	80-100 cm	> 100 cm			
4.3	Presenza significativa vuoti	Presenza	Assenza						
4.4	Presenza di diatoni	Presenza	Assenza						
5	INTONACO								
5.1	Stato attuale	Muratura a faccia vista	mancante	In parte mancante	Presente				
5.2	Stato di conservazione	degradato	Fessurato	Buono					
6	COLLEGAMENTI TRA LE PARETI MURARIE								
6.1	Angolate Tipologia	Ammorsamento scadente	Collegamenti irregolari	Alternanza regolare					
6.2	Angolate Elementi costitutivi	Analoghi alla muratura	Di dimensione maggiore	A conci squadrati					
6.3	Martelli Tipologia	Assenza di collegamento	Ammorsamento scadente	Collegamento efficaci					
6.4	Martelli differente tipologia muri di spina	differente	Non differente						
6.5	Martelli Frequente presenza di catene	frequente	Non frequente						
7	INTERVENTI DI CONSOLIDAMENTO								
7.1	Alla muratura	nessuno	Scuci - Cuci in mattoni	Scuci-cuci in pietra	Stilatura giunti	Iniezioni malta	Intonaco armato		
7.2	Ai collegamenti	nessuno	Tamponature aperture	Collegamento travi	catene	Cuciture armate	Cordoli in muratura	Cordoli in c.a.	Orizzont amenti rigidi

TAB. 2 - Abaco delle tipologie costruttive delle muratrure secondo la scheda GNDT (Binda – Mannoni)

3.3 - ANALISI DESCRITTIVA DELLE CARATTERISTICHE TIPOLOGICHE PRESENTI NELLA SCHEDA MURATURE.GNDT

Elementi costitutivi della muratura	Gli elementi costitutivi presi in considerazione sono il tipo di materiale, la lavorazione, le dimensioni e lo stato di conservazione.
Malta	Viene esaminato il tipo (calce aerea, calce idraulica, cementizia...), lo stato di conservazione e la funzione. Quest'ultima può essere di allettamento o di riempimento a seconda che sia stata usata per la realizzazione di una muratura a ricorsi (nel primo caso) o di una muratura a sacco. Considerando che una muratura a sacco è molto meno diffusa di quella a ricorsi, è possibile dedurre che la malta ha per lo più funzione di allettamento. Lo stato di conservazione della malta (incoerente, friabile, tenace) è indicativo dello stato di resistenza della muratura.
Apparecchiatura – *Tessitura dei paramenti* – *Posa degli elementi*	L'apparecchiatura indica il modo in cui è stata organizzata la posa degli elementi, secondo fasce orizzontali (corsi) più o meno precise, fasce irregolari o in modo del tutto casuale. L'apparecchiatura, oltre a conferire un aspetto ordinato alla muratura, le garantisce una resistenza maggiore quanto più precisa è stata la posa in opera. La posa degli elementi è strettamente connessa all'apparecchiatura; anche in questo caso la distribuzione degli elementi può essere più o meno ordinata e, può prevedere l'inserimento di materiali diversi (ad es. mattoni in una muratura in pietra) disposti secondo ricorsi orizzontali o inseriti come zeppe o scaglie. Anche gli elementi possono essere disposti prevalentemente in maniera ordinata seguendo un andamento per lo più orizzontale/verticale oppure orizzontale.
Sezione trasversale e spessore	La tipologia della sezione varia a seconda della grandezza degli elementi adoperati nella muratura. Nel caso di elementi di grandi dimensioni si può essere in presenza di un paramento unico mentre, si dovranno accostare due paramenti quando le dimensioni sono ridotte (eventualmente ammorsati tramite l'inserimento di diatoni). La muratura a sacco prevede il riempimento dello spazio lasciato tra due paramenti con materiale di vario tipo e dimensione, spesso materiale di risulta con la presenza di una malta povera di calce.
Intonaco	La consistenza dell'intonaco può fornire,in negativo, indicazioni sul tipo di muratura e sulla sua qualità. Un intonaco degradato o mancante in alcune parti, permette, infatti, di evidenziare la muratura sottostante ma, allo stesso tempo, non preserva l'edificio dall'azione complessiva degli agenti atmosferici. Nel caso di una muratura "a faccia vista" i materiali usati per qualità, lavorazione e apparecchiatura generalmente presentano caratteristiche migliori.
Collegamenti tra le pareti murarie	La presenza di angolate (o cantonali) di buona fattura (ammorsamento a pettine, utilizzo di conci di maggior dimensioni), conferiscono all'edificio una maggiore consistenza creando quel comportamento scatolare necessario ad un buon funzionamento strutturale. Dai rilievi effettuati è emerso come la realizzazione di questo accorgimento costruttivo, spesso sia disatteso, e pertanto, l'efficacia dell'ammorsamento tra le pareti risulta fortemente variabile da caso a caso, dal momento che l'alternanza dei ricorsi è più o meno regolare.
Interventi consolidamento	Gli interventi di consolidamento sono suddivisi in due tipologie: la prima è relativa al consolidamento del paramento murario (*cuci e scuci in mattoni e in pietra, stilatura dei giunti, iniezioni di malta o l'intonaco armato*), la seconda è relativa a quegli interventi che possono essere stati effettuati con l'intento di migliorare i collegamenti (*inserimento di catene, cuciture armate, cordoli in muratura o in c.a., presenza di orizzontamenti rigidi*).

TAB 3 - analisi descrittiva delle caratteristiche tipologiche presenti nella scheda murature.GNDT

347

2.4 - PRINCIPALI TIPOLOGIE MURARIE MOLISANE

Tipologia A - Muratura in pietrame (ciottoli, pietre erratiche e irregolari), a sacco, male intessuta e priva di collegamento tra i due fogli.
Elementi costitutivi: pietre calcaree in ciottoli e pietre irregolari di piccole dimensioni ;
Malta: calce aerea con funzione di allettamento in cattive condizioni;
Posa in opera degli elementi : tessitura disordinata e posa casuale; assenza di e zeppe ;
Sezione trasversale: due paramenti accostati o debolmente ammorsati con sacco incoerente
Intonaco: in parte assente e degradato ;
Collegamenti: debolmente efficaci nei martelli con angolate con blocchi di dimensioni analoghe alla muratura e ammorsamento scadente.
Interventi alle murature : nessuno

Tipologia B – Muratura a sacco in pietre di pezzatura più regolare, bene intessuta e priva di collegamento tra i due fogli; tipologia A con spigoli, mazzette e/o ricorsi in pietra squadrata o mattoni pieni.
Elementi costitutivi: pietre calcaree di pezzature regolari leggermente sbozzate di dimensioni medie;
Malta: calce aerea con funzione di allettamento in cattive condizioni;
Posa in opera degli elementi : orizzontale con apparecchiatura a corsi orizzontali irregolari con zeppe in pietra e assenza di ricorsi e listatura;
Sezione trasversale: due paramenti accostati o debolmente ammorsati;
Intonaco: in parte assente e degradato ;
Collegamenti: debolmente efficaci nei martelli con angolate con blocchi di dimensioni maggiori con ammorsamento scadente. *Interventi alle murature* : nessuno

muratura tipo B2

Tipologia C – Muratura in pietre a spacco con buona tessitura
Elementi costitutivi: pietre calcaree di pezzature regolari leggermente sbozzate di dimensioni medie
Malta: calce aerea con funzione di allettamento in cattive condizioni
Posa in opera degli elementi:
- casuale con apparecchiatura disordinata con zeppe in pietra e assenza di ricorsi e listatura (C1)
- a corsi irregolari con zeppe in pietra e assenza di ricorsi e listatura (C2)
- orizzontale con apparecchiatura a corsi irregolari con zeppe in pietra e assenza di ricorsi e listatura (C3)
Sezione trasversale: due paramenti accostati (C1), debolmente ammorsati (C2), ammorsati (C3)
Intonaco: assente, in parte mancante, presente - *Collegamenti*: ammorsamento scadente (C1) , irregolare (C2), regolare(C3) nei martelli con angolate di dimensioni maggiori (C2,C3) o analoghe alla muratura (C1)

| muratura tipo C1 | muratura tipo C2 |

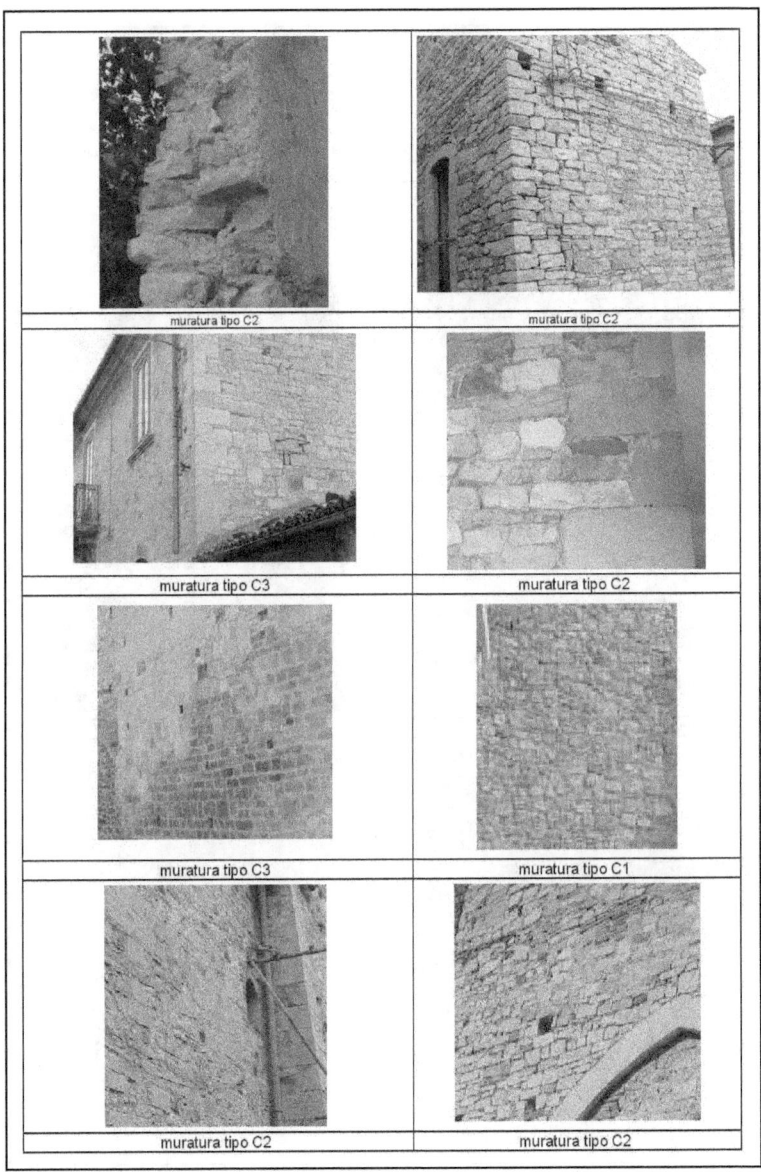

349

Tipologia E
muratura a blocchi lapidei squadrati
Elementi costitutivi: Calcaree squadrato di dimensioni medie
Malta: di calce aerea incoerente con funzione di riempimento in discrete condizioni e lavorazione discreta
Posa in opera degli elementi: orizzontale , apparecchiatura a corsi orizzontali con zeppe in pietra e
assenza di ricorsi e listatura - *Sezione trasversale:* due paramenti ammorsati con sezione di 80 cm
Intonaco: assente - *Collegamenti:* efficaci nei martelli con angolate con blocchi di dimensioni analoghe
alla muratura - *Interventi alle murature:* nessuno

muratura tipo E1	muratura tipo E2

muratura tipo E2	muratura tipo E1

Tipologia F – Muratura in mattoni pieni e malta di calce

muratura tipo I	

3 - SCHEDA MURATURE[1]

ELEMENTI COSTITUTIVI

Materiale:	arenaria	calcare	tufo	calcarenite
	mattoni cotti	mattoni crudi	vario di reimpiego	....
Lavorazione:	assente (ciottoli)	sbozzatura	a spigoli finiti	a conci squadrati
Dimensioni (diagonale elemento):		piccole (< 15 cm)	medie (15÷25 cm)	grandi (> 25 cm)
Stato di conservazione e qualità:		pessimo	discreto	buono

MALTA

Tipo:	di calce aerea	di calce idraulica	cementizia	....
Stato di conservazione e consistenza:		incoerente	friabile	tenace
Funzione:		allettamento	riempimento	stilatura

Calce aerea : Composta da leganti che induriscono unicamente all'aria come ad esempio l'argilla, il gesso , la calce aerea;
Calce idraulica : Composta da leganti che hanno la proprietà di indurire sott'acqua in assenza di aria; sono leganti idraulici la calce idraulica e i vari tipi di cemento

POSA IN OPERA DEGLI ELEMENTI

TESSITURA DEI PARAMENTI

APPARECCHIATURA

disordinata	corsi irregolari	corsi orizzontali

POSA DEGLI ELEMENTI:

casuale	a lisca di pesce	orizzontale/verticale	orizzontale

Ricorsi o listatura:	assenti	in mattoni	altro	Zeppe o scaglie:	assenti	in pietra	in cotto

351

SEZIONE TRASVERSALE

Tipologia:	paramento unico	due paramenti accostati	due paramenti ammorsati
	a sacco (incoerente)	a sacco (coerente)	Paramento aggiunto:

paramento unico	due paramenti accostati

due paramenti ammorsati	a sacco	
Spessori:	totale: ___	paramento esterno: ___	paramento interno: ___
Presenza significativa di vuoti:		Presenza di diatoni: (collegamenti puntuali tra il paramento interno e quello esterno)	

INTONACO

Stato attuale:	mur. faccia a vista	mancante	in parte mancante	presente
Stato di conservazione e consistenza:		degradato	fessurato	buono

COLLEGAMENTI TRA LE PARETI MURARIE

ANGOLATE

Tipologia:	ammorsamento scadente	collegamenti irregolari	alternanza regolare

Elementi costitutivi:	analoghi alla muratura	di dimensione maggiore	a conci squadrati

MARTELLI

Tipologia:	assenza di collegamento	ammorsamento scadente	collegamenti efficaci
Differente tipologia dei muri di spina:		Frequente presenza di catene:	

INTERVENTI DI CONSOLIDAMENTO

ALLA MURATURA

nessuno	scuci-cuci in mattoni	scuci-cuci in pietra
stilatura dei giunti	iniezioni di malta	intonaco armato

AI COLLEGAMENTI

nessuno	tamponatura di aperture	collegamento travi	catene
cuciture armate	cordoli in muratura	cordoli in c.a.	orizzontamenti rigidi

3.1 - ESEMPIO SCHEDA MURATURE

Riferimento Tipologia Strutturale – Strutture Verticali
(dalla scheda 1° livello per il rilevamento della vulnerabilità GNDT):
C - Muratura di pietra sbozzata in presenza di irregolarità

A - CARATTERISTICHE DELLA MURATURA

ELEMENTI COSTITUITIVI	MALTA
Materiale: calcare	Tipo: di calce aerea
Lavorazione: sbozzatura	Funzione: allettamento
Dimensione (diagonale elemento): medie (15-25 cm)	Stato di lavorazione e qualità: cattivo
Stato di conservazione e qualità: cattivo	Stato di conservazione e resistenza: incoerente

POSA IN OPERA DEGLI ELEMENTI

Tessitura

Apparecchiatura: disordinata	Posa degli elementi: casuale	Zeppe o scaglie: in pietra	Ricorsi o listatura: assenti
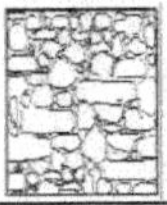	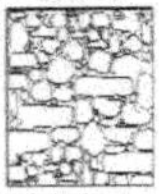	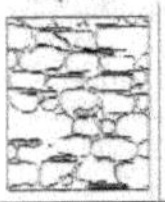	

SEZIONE TRASVERSALE

Spessori totale: 80 cm	Tipologia : due paramenti accostati
Paramento esterno: 40 cm	
Paramento interno: 40 cm	
Presenza di vuoti significativi: no	
Presenza di diatoni: no	

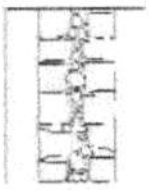

INTONACO

Stato attuale: assente	Stato di conservazione e resistenza: degradato

COLLEGAMENTI TRA LE PARETI MURARIE

Martelli :	Angolate
Tipologia: collegamenti efficaci	Elementi costitutivi: analoghi alla muratura
Differente tipologia dei muri di spina – no	Tipologia: collegamenti irregolari
Frequente presenza di catene - no	

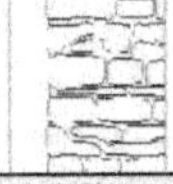

B – FOTOGRAFIA O PRESENTAZIONE GRAFICA DEL PARAMENTO

Figura A2.27 – muratura tipo C1

353

3 - ALLEGATO A – " *Guida alla lettura delle tipologie murarie (Decreto del C.D. n.35/2005)*

3.1 - Premessa

Il progettista è sempre tenuto ad effettuare una analisi critica della situazione del manufatto su cui si appresta ad intervenire: si forniscono, allo scopo, alcune indicazioni utili ad una più approfondita lettura della tipologia muraria e ad una prima definizione degli interventi più appropriati per ridurre la vulnerabilità.
Per gli edifici sottoposti a tutela ambientale si farà anche riferimento alle 'Istruzioni generali per la redazione di progetti di restauro nei beni architettonici di valore storico-artistico in zona sismica' (28.11.1997), predisposte dal Comitato nazionale per la prevenzione del patrimonio culturale dal rischio sismico ed approvate con modifiche dal Gruppo di lavoro congiunto Comitato nazionale – Consiglio Superiore dei LL.PP. nella seduta del 21.10.1997.

3.2 - Elementi caratteristici da considerare

Gli elementi da prendere in esame per la definizione della tipologia della muratura e per valutarne lo stato di conservazione (degrado dei materiali e dissesto delle strutture) sono almeno i seguenti:
- *caratteristiche dei materiali costitutivi e degli apparecchi murari, ivi comprese le murature di fondazione;*
- *presenza di vuoti all'interno del corpo murario (dovuto ad imperfetto riempimento dei giunti);*
- *continuità del tessuto murario o presenza di diverse tipologie di apparecchio dovuto a ricostruzioni parziali o fasi costruttive diverse;*
- *singolarità strutturali locali per inclusione di elementi estranei (in genere travi in legno);*
- *vuoti interni (canne fumarie e scarichi) che in genere interessano più della metà dello spessore;*
- *nicchie che possano interessare almeno la metà dello spessore;*
- *vani (porte e finestre originali e/o di più recente impianto) richiusi per parte o per tutto lo spessore del muro;*
- *lesioni trasversali diffuse o concentrate, con o senza evidente distacco dei lembi;*
- *lesioni interne con separazione ed allontanamento dei paramenti;*
- *presenza di fodere di muratura di spessore variabile in adiacenza di pareti che hanno subito fuori piombo in occasione di passati forti terremoti e/o altre classi di dissesto;*
- *presenza di macro–giunti di malta con andamento irregolare, segni di ampie lesioni prodotte nel passato da terremoti, che di fatto separano in macro-conci il tessuto murario*
- *lesioni dovute a cedimenti fondali, che di fatto creano separazioni nel tessuto murario.*

Si descrivono di seguito alcuni apparecchi murari e le soluzioni tecnologiche adottate frequentemente nella muratura storica del Molise.
- *Muratura a due paramenti di identico spessore in pietrame misto e laterizio di pezzatura variabile per classe e dimensioni, apparecchiata su filari orizzontali e regolari, murati con malta di calce/cemento/gesso a grosso/scarso spessore con sacco in getto di calcestruzzo e inerti ben alloggiati/inerti casuali.*
- *Muratura a due paramenti di spessore variabile (il lato esterno ha spessore maggiore con prevalente impiego di elementi lapidei da spacco) in pietrame misto e laterizio di pezzatura variabile per classe e dimensioni, apparecchiata su filari orizzontali e regolari, murati con malta di calce/cemento/gesso, con elementi lapidei di maggiore taglia collocati a lega per tutto lo spessore.*
- *Muratura a due paramenti di spessore variabile (il lato esterno ha spessore maggiore) in pietrame misto e laterizio di pezzatura variabile per classe e dimensioni, apparecchiata su filari sub-orizzontali e regolarizzati da consistenti riporti di malta di calce/cemento/gesso e pietrame, zeppe lapidee e/o laterizie, murati con malta di calce/cemento/gesso, con elementi di pietrame di maggiore taglia collocati a lega per tutto lo spessore. Sfalsamenti ricorrenti/rari dei giunti verticali. Intonaci dati in due strati a spessore variabile/a spessore ricorrente/a spessore unico con malta di calce/cemento/gesso. Intonaci dati a più strati a coprire quadri fessurativi preesistenti, a regolarizzare fuori piombo/irregolarità.*
- *Muratura a tutto spessore, in pietrame misto e laterizio di pezzatura variabile per classe e dimensioni, apparecchiato su filari orizzontali e regolari, murati con malta di calce/cemento/gesso.*
- *Muratura a tutto spessore, in pietrame misto e laterizio di pezzatura variabile per classe e dimensioni, apparecchiato su filari sub-orizzontali e regolarizzati da consistenti riporti di malta di calce/cemento/gesso e zeppe lapidee e/o laterizie.*

354

- Muratura a tutto spessore, in pietrame misto (con prevalenti/rari elementi da spacco, elementi di fiume, elementi di cava, elementi sbozzati, elementi squadrati, elementi regolari, elementi di reimpiego) di misure variabili/riccorrenti apparecchiato su filari orizzontali e regolari, murati con malta di calce.

- Muratura di spessore costante (specificarne il valore negli elaborati)/irregolare/variabile (specificare il campo di variazione) nella lunghezza, a due paramenti di dimensioni e apparecchio murario diversi. Quello esterno è formato da elementi lapidei (calcare/tufo/travertino/etc. con rari/frequenti/ricorrenti inclusioni laterizie) di pezzatura regolare/variabile/prevalentemente regolare, murati con abbondante/scarsa malta di calce/cemento/gesso a formare piani di posa regolari e tendenzialmente orizzontali (piani regolarizzati con consistenti allettamenti di malte e zeppe). Il paramento interno è costituito da elementi lapidei/laterizi di dimensioni variabili/ricorrenti/irregolari (mediamente compresi tra axbxc – specificare le dimensioni – con elementi anomali di dimensioni axbxc – specificare le dimensioni) apparecchiati su filari variabili/irregolari/regolarizzati con riporti di malta e zeppe. Il sacco interno è realizzato con pietrame misto per classe litologica e dimensioni, apparecchiato in getti successivi/getti casuali di malte di calce/cemento/gesso/terra con elementi lapidei e laterizi interi/fratturati/sciolti/ordinati/per piani regolarizzati. Le due cortine hanno piani di posa e filari sub-orizzontali posti alla stessa quota/a quota diversa/a quota sfalsata/a quota regolarizzata. Il collegamento tra le due cortine è assicurato da elementi diatoni a tutto spessore/elementi diatoni a lunghezza superiore alla metà dello spessore/elementi intervallati/fasce di laterizio in n filari (da specificare). Le angolate sono realizzate con elementi bene/male intervallati della stessa pietra/pietra diversa (calcare/tufo/travertino/etc. con rari/frequenti/ricorrenti inclusioni laterizie) lavorata a spacco/squadrata/regolarizzata nelle facce in vista, lavorata a gradina/bocciarda/scalpello a punta/etc. di dimensioni –da specificare– corrispondenti/maggiori di quelle del paramento. Le angolate sono realizzate con laterizi pieni/forati in un solo filare/a filari sovrapposti sfalsati.

3.3 - Giudizio sulle condizioni delle murature

Un giudizio sulla condizione delle strutture verticali può essere espresso attraverso un percorso che parta dalla individuazione dei caratteri strutturali più rilevanti e qualità dei materiali impiegati, individui particolarità costruttive, indichi le possibili patologie evidenti e cerchi di definire quelle nascoste attraverso controlli mirati. Nella Tabella 13 sono indicati i valori di riferimento da adottarsi nelle analisi in funzione del livello di conoscenza acquisito. Tali valori sono da riferirsi a condizioni di muratura con malta di scadenti caratteristiche, in assenza di ricorsi o listature con, con passo costante, regolarizzino la tessitura ed in particolare l'orizzontalità dei corsi. Inoltre si assume che, per le murature storiche, queste siano a paramenti scollegati, ovvero manchino sistematici elementi di connessione trasversale (o di ammorsamento per ingranamento tra i paramenti murari).

Tabella 11.D.1 Valori di riferimento dei parametri meccanici (minimi e massimi) e peso specifico medio per diverse tipologie di muratura, riferiti alle seguenti condizioni: malta di caratteristiche scarse, assenza di ricorsi (listature), paramenti semplicemente accostati o mal collegati, muratura non consolidata.

Tipologia di muratura	f_m (N/cm²) min-max	τ_0 (N/cm²) min-max	E (N/mm²) min-max	G (N/mm²) min-max	w (kN/m³)
A - Muratura in pietrame disordinata (ciottoli, pietre erratiche e irregolari)	60 90	2.0 3.2	690 1050	115 175	19
B - Muratura a conci sbozzati, con paramento di limitato spessore e nucleo interno	110 155	3.5 5.1	1020 1140	170 240	20
C - Muratura in pietre a spacco con buona tessitura	150 200	5.6 7.4	1500 1980	250 330	21
D - Muratura a conci di pietra tenera (tufo, calcarenite, ecc.)	80 120	2.8 4.2	900 1260	150 210	16
E - Muratura a blocchi lapidei squadrati	300 400	7.8 9.8	2340 2820	390 470	22
F - Muratura in mattoni pieni e malta di calce	180 280	6.0 9.2	1800 2400	300 400	18
G - Muratura in mattoni semipieni con malta cementizia (es.: doppio UNI)	380 500	24 32	2800 3600	560 720	15

H - Muratura in blocchi laterizi forati (perc. foratura < 45%)	460 600	30,0 40,0	3400 4400	680 880	12
I - Muratura in blocchi laterizi forati, con giunti verticali a secco (perc. foratura < 45%)	300 400	10,0 13,0	2580 3300	430 550	11
L - Muratura in blocchi di calcestruzzo (perc. foratura tra 45% e 65%)	150 200	9,5 12,5	2200 2800	440 560	12
M - Muratura in blocchi di calcestruzzo semipieni	300 440	18,0 24,0	2700 3500	540 700	11D

Tab . 4 - Tabella 11.D.1 Valori di riferimento dei parametri meccanici

f_m = resistenza media a compressione della muratura
τ_0 = resistenza media a taglio della muratura
E = valore medio del modulo di elasticità normale
G = valore medio del modulo di elasticità tangenziale
w = peso specifico medio della muratura

Nel caso in cui la muratura presenti caratteristiche migliori rispetto ai suddetti elementi di valutazione, le caratteristiche meccaniche saranno ottenute, a partire dai valori di Tabella 13, applicando i coefficienti indicati nella Tabella 11D, secondo le seguenti modalità:
malta di buone caratteristiche: si applica il coefficiente indicato in tabella, diversificato per le varie tipologie, sia ai parametri di resistenza (f_m e τ_{00}), sia ai moduli elastici (E e G);
presenza di ricorsi (o listature): si applica il coefficiente indicato in tabella ai soli parametri di resistenza (f_m e τ_0); tale coefficiente ha significato solo per alcune tipologie murarie, in quanto nelle altre non si riscontra tale tecniche costruttiva;
presenza di elementi di collegamento trasversale tra i paramenti: si applica il coefficiente indicato in tabella 11D ai soli parametri di resistenza (f_m e $_0$); tale coefficiente ha significato solo per le murature storiche, in quanto quelle più recenti sono realizzate con una specifica e ben definita tecnica costruttiva ed i valori in Tabella 13 rappresentano già la possibile varietà di comportamento.

In presenza di murature consolidate, o nel caso che si debba valutare la sicurezza dell'edificio rinforzato, è possibile valutare le caratteristiche meccaniche per alcune tecniche di intervento, attraverso i coefficienti indicati in Tabella 11D, secondo le seguenti modalità:
consolidamento con iniezioni di malta: si applica il coefficiente indicato in tabella, diversificato per le varie tipologie, sia ai parametri di resistenza (f_m e τ_0), sia ai moduli elastici (E e G); nel caso in cui la muratura originale fosse stata classificata con malta di buone caratteristiche, il suddetto coefficiente va applicato al valore di riferimento per malta di scadenti caratteristiche (ciò è dovuto al fatto che il risultato ottenibile attraverso questa tecnica di consolidamento è, in prima approssimazione, indipendente dalla qualità originaria della malta; in altre parole, nel caso di muratura con malta di buone caratteristiche, l'incremento di resistenza e rigidezza è percentualmente inferiore);
consolidamento con intonaco armato sulle due facce: si applica il coefficiente indicato in tabella, diversificato per le varie tipologie, sia ai parametri di resistenza (f_m e τ_0), sia ai moduli elastici (E e G); per i parametri di partenza della muratura non consolidata non si applica il coefficiente relativo alla connessione trasversale, in quanto l'intonaco armato, eseguito con collegamenti trasversali realizza, tra le altre, anche questa funzione;
consolidamento con diatoni artificiali: in questo caso si applica il coefficiente indicato per le murature dotate di una buona connessione trasversale.
I valori sopra indicati per le murature consolidate sono da considerarsi come riferimento nel caso in cui non sia comprovata, con opportune indagini sperimentali, la reale efficacia dell'intervento e siano quindi misurati, con un adeguato numero di prove, i valori da adottarsi nel calcolo.

Tabella 11D Coefficienti correttivi dei parametri meccanici (indicati in Tabella 13) da applicarsi in presenza di: malta di caratteristiche buone o ottime; presenza di ricorsi o listature; presenza sistematica di connessioni trasversali; consolidamento con iniezioni di malta; consolidamento con intonaco armato.

Tipologia di muratura	Malta buona	Ricorsi o listature	Connession e trasversale	Iniezioni di malta	Intonaco armato
A - Muratura in pietrame disordinata (ciottoli, pietre erratiche e irregolari)	1,5	1,3	1,5	2	2,5
B - Muratura a conci sbozzati, con paramento di limitato spessore e nucleo interno	1,4	1,2	1,5	1,7	2
C - Muratura in pietre a spacco con buona tessitura	1,3	1,1	1,3	1,5	1,5
D - Muratura a conci di pietra tenera (tufo, calcarenite, ecc.)	1,5	-	1,5	1,7	2
E - Muratura a blocchi lapidei squadrati	1,2	-	1,2	1,2	1,2
F - Muratura in mattoni pieni e malta di calce	1,5	-	1,3	1,5	1,5
G - Muratura in mattoni semipieni con malta cementizia (es.: doppio UNI)	1,3	-	-	-	1,3
H - Muratura in blocchi laterizi forati (perc. foratura < 45%)	1,3	-	-	-	1,3
I - Muratura in blocchi laterizi forati, con giunti verticali a secco (perc. foratura < 45%)	1,3	-	-	-	1,3
L - Muratura in blocchi di calcestruzzo (perc. foratura tra 45% e 65%)	1,3	-	-	-	1,3
M - Muratura in blocchi di calcestruzzo semipieni	1,3	-	-	-	1,3

TAB 5 - Tabella 11D Coefficienti correttivi dei parametri meccanici

3.4 - Controlli

Occorrerà indagare almeno i seguenti aspetti mediante controlli mirati:
- *possibilità di funzionamento a lastra dei solai con sufficiente rigidezza e resistenza; nei collegamenti sono da prevedere azioni di scorrimento parallele ai collegamenti e sforzi di trazione e compressione, ortogonali ai collegamenti (vincolo monolatero);*
- *possibilità di decompressione delle strutture voltate;*
- *efficacia di eventuali cordoli introdotti con passati interventi di ristrutturazione.*

Per le coperture si devono distinguere due situazioni:

- *presenza di tipologie tipiche dell'impianto originario nelle vecchie costruzioni, con copertura a tetto con ordito in legno e impalcato in tavole o pianelle di laterizio, talvolta impostate su capriate in legno; nelle linee di gronda si può trovare un cornicione in muratura (realizzato con elementi apparecchiati a romanella su filari sovrapposti ad aggetto variabile) oppure una ventaglia in legno e laterizio;*

- *solai in latero–cemento armato, anche su travi in cemento armato, con cornicioni in cemento armato, tipici nelle recenti costruzioni ed in vecchie costruzioni ristrutturate, ove non sempre sono presenti i cordoli.*

La prima tipologia presenta una modesta rigidezza a lastra; va controllato che le travi, se disposte secondo le linee di massima pendenza, siano efficacemente ancorate per evitare spinte sulle murature. In corrispondenza delle capriate si possono avere concentrazioni di sforzo che, se non adeguatamente presidiate, determinano la compromissione locale delle murature.
Nella seconda moderna tipologia, si ha in genere resistenza e rigidezza nel funzionamento di lastra; possono essere pericolose alcune situazioni quali:
- *travetti in cemento armato non ancorati a cordoli;*
- *solaio e cornicione, con travi a spessore, molto pesanti.*

357

3.5 - Simbologia

Nei progetti dovrà essere utilizzata una simbologia il più possibile unitaria, sia nella descrizione dei materiali costituenti l'edificio, sia nella descrizione dei danni riscontrati.
Una simbologia suggerita è riportata nelle tabelle seguenti.

1 CARATTERISTICHE E MATERIALI DEGLI ELEMENTI STRUTTURALI			
1A - ELEMENTI PORTANTI VERTICALI (in pianta) (2)			
	ciottoli o pietra sbozzata		blocchi in cls forato
	pietrame squadrato		cls armato e non armato
	muratura a sacco		laterizio pieno
	pietrame e laterizio		laterizio semipieno
	pietrame e cls		laterizio forato
	laterizio e cls		legno
	blocchi in cls pieno		
1B - ARCHITRAVI (in alzato)			
	in pietra		in c.a.
	in laterizio armato		in legno
1C - ARCHI (in alzato)			
	in pietra		in c.a.
	in laterizio		
1D - SOLAI / COPERTI (in pianta) (3)			
	in legno		soletta in c.a.
	in latero-cemento		in ferro
	in ferro e laterizio		presenza di orditura secondaria
	in legno e c.a.		(se di materiale diverso specificare)
1E - VOLTE (in pianta)			
	in pietra		in c.a.
	in laterizio		in latero-cemento
1F - SCALE (in pianta)			
	in legno		in pietra
	in ferro		in c.a.

NOTE

(0) Dai documenti tecnici adottati dalla regione Emilia Romagna

(1) Scala preferibilmente 1:50

(2) Riferite alle pareti del piano rappresentato in pianta

(3) Riferite al solaio rappresentato in pianta

2   COLLEGAMENTI (solo in pianta) (4)

	cordolo continuo a tutto spessore		catene o tiranti
	cordolo continuo a spessore parziale		collegamento della soletta in c.a. alle murature d'ambito
	cordolo in aderenza		collegamento di travi in legno alle murature d'ambito con lame o piastre
	cordolo discontinuo (coda di rondine)		pareti non ammorsate
	cordolo costituito da perforazioni armate		pareti ammorsate o con altro tipo di collegamento

(4) In alzato va data la rappresentazione geometrico-descrittiva

3   DEGRADO E DISSESTO (solo in pianta) (5)

	lesione isolata (5)		area di cedimento delle fondazioni
	lesione diffusa (5)		umidità
	lesione a croce (5)		orditura di solaio inflessa
	strapiombo muratura soprastante - se interno + se esterno (in pianta al P.T.) FP cm		orditura di solaio molto fatiscente
	schiacciamento		orditura di solaio sfilata dagli appoggi
	crollo		distacco delle superfici di protezione
	lesione di architrave		

(5) In alzato usare grafia descrittiva.

359

4 - ALLEGATO B – ABACO MURATURA[2]

Nel manuale della scheda di agibilità, tenendo conto del materiale utilizzato e della sua tessitura nel paramento, della qualità del legante e delle modalità costruttive, prevede una distinzione delle strutture in muratura in due classi:

Muratura di tipo I : a tessitura irregolare e di cattiva qualità :
Questo tipo di muratura di pietra naturale manifesta un comportamento sfavorevole caratterizzato da:
- elevata vulnerabilità per azioni fuori del piano, con tendenza allo scompaginamento ed allo sfaldamento dell'apparecchio murario, anche per instabilità dei singoli paramenti mal collegati o non collegati, sotto carichi verticali;
- scarsa resistenza per azioni nel piano, a causa sia della scarsa resistenza intrinseca dei materiali, ed in particolare della malta, sia per lo scarso attrito che può svilupparsi tra gli elementi lapidei, in relazione alla configurazione dell'apparecchio murario.

In conseguenza di ciò i meccanismi di danneggiamento di questo tipo di muratura portano sovente a crolli rovinosi sotto azioni di medio-bassa intensità.

Muratura di tipo II : a tessitura regolare e di buona qualità
Questo tipo di muratura di pietra naturale o artificiale manifesta un comportamento favorevole caratterizzato da:
- bassa vulnerabilità per azioni fuori del piano, sempre che la parete sia correttamente vincolata superiormente ed inferiormente a solai rigidi o semirigidi, in grado di ridistribuire le azioni sismiche alle pareti parallele all'azione, con comportamento monolitico della parete;
- media o elevata resistenza per azioni nel piano della parete, grazie alla resistenza intrinseca dei materiali, in particolare della malta, e/o per l'attrito che può svilupparsi tra i blocchi o gli elementi lapidei, in relazione alla configurazione regolare dell'apparecchio murario.

In conseguenza di ciò i meccanismi di danneggiamento di questo tipo di muratura non determinano crolli sotto azioni di media intensità. I collassi sotto azioni di elevata intensità avvengono in maniera progressiva, e sono prevalentemente legati allo sviluppo di lesioni diagonali nel piano con dislocazioni eccessive di porzioni di muratura.

Allo scopo di guidare il rilevatore nel riconoscimento e nella corretta assegnazione della tipologia costruttiva viene proposta nelle Tabelle allegate una classificazione più dettagliata della muratura, che tiene conto della varietà di situazioni che caratterizzano il panorama costruttivo italiano.
Di essa viene fornita una documentazione grafica e fotografica organizzata attraverso abachi riepilogativi, nei quali, per ciascuna tipologia muraria, viene suggerita l'attribuzione ai tipi I e II previsti nella scheda.
Il suggerimento non vincola il rilevatore, il quale giudicherà in sito, sulla base della propria sensibilità ed esperienza, la più corretta attribuzione.
Un primo abaco (Tabella 3.2) propone una classificazione fondata sull'analisi del paramento esterno (I° livello di conoscenza), che è quanto di più facilmente riconoscibile dal rilevatore ad una prima analisi visiva della superficie esterna o interna non intonacata. Su tali basi la muratura viene classificata in tre grandi famiglie:
- muratura irregolare (cod. A), costituita da elementi informi, che si possono presentare o come ciottoli di fiume, di piccole o medie dimensioni, levigati e con spigoli dalla forma decisamente arrotondata (provenienti dalle alluvioni o da letti di torrenti e fiumi) o come scapoli di cava, scaglie, etc., ovvero elementi di diversa pezzatura a spigoli vivi, generalmente in calcare o pietra lavica;
- muratura sbozzata (cod. B), costituita da elementi sommariamente lavorati, che si presentano in forma pseudo - regolare o con orditura lastriforme di pietra detta a soletti;
- muratura regolare (cod. C), realizzata con elementi dal taglio regolare perfettamente squadrato, quale viene consentito dal tufo e da talune pietre, nonché naturalmente dal laterizio.

In tutti i casi la tessitura può essere (codice CR) o non essere (codice SR) rinforzata con ricorsi di mattoni o pietre regolari con passo abbastanza costante (dello stesso ordine di grandezza dello spessore).
L'analisi del paramento esterno da sola può non essere sufficiente a distinguere una muratura di cattiva qualità (tipo I) da una di buona qualità (tipo II). Il gruppo di lavoro ha sottoposto l'abaco riportato in allegato al giudizio di tecnici e ricercatori con esperienza di osservazione del danno sismico gli edifici in muratura. Ne sono derivate le statistiche di classificazione riportate nella colonna Assegnazioni dell'abaco: è evidente la notevole incertezza particolarmente per quanto riguarda la muratura sbozzata (codice B).

---

[2] 2000 - Servizio Sismico nazionale – Gruppo Nazionale per la Difesa dai Terremoti : manuale per la compilazione della scheda di 1° livello di rilevamento danno, pronto intervento e agibilità per edifici ordinari nell'emergenza post-sismica

E' pertanto opportuno acquisire ulteriori informazioni su:

➢ la qualità della malta (II° livello di conoscenza); valutata in situ attraverso un test di scalfittura, al fine di distinguere malte di cattiva qualità molto friabili, che si sgretolano tra le mani (Mc), da malte di buona qualità più resistenti (Mb: ad es. malte cementizie).

➢ la sezione muraria (III° livello di conoscenza), distinta nei due casi di muratura con paramenti ben collegati (Pc) e paramenti scollegati o mal collegati (Ps ; è il caso di molte murature povere a sacco). Nelle ispezioni post-sisma la geometria della sezione è spesso osservabile in edifici che hanno subito crolli parziali. Alcuni casi tipici sono riportati rispettivamente nelle Figure 3.1 e 3.2.

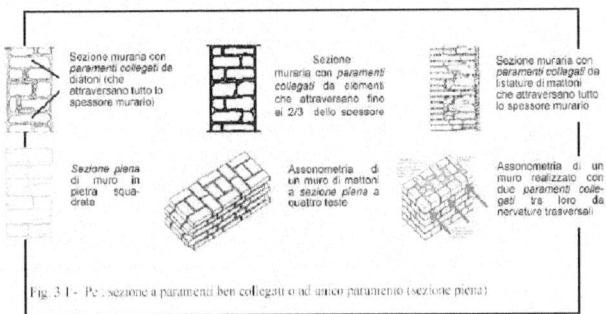

Fig. 3.1 - Pc : sezione a paramenti ben collegati o ad unico paramento (sezione piena)

Anche in funzione di queste ulteriori variabili, gli abachi allegati propongono, attraverso una tabella di attribuzione, la più probabile assegnazione del paramento osservato ai tipi I e II previsti nella scheda. Le incertezze di classificazione si riducono progressivamente, anche se in alcuni casi restano sensibili. In ogni caso si rinvia al giudizio finale del rilevatore la classificazione più opportuna.

Fig. 3.2 - Ps : sezione a paramenti con elementi scollegati o male ammorsati, come evidenziato da crolli rovinosi provocati da sisma

Si riporta a titolo esemplificativo nella Fig. 3.3 una delle tabelle di attribuzione che negli abachi (Tabelle 3.3 e 3.4 per le murature irregolari; 3.5 per le murature sbozzate; 3.6 per le murature regolari) sono associate a ciascuna tipologia di paramento murario. La lettura della tabella consente di orientarsi nell'assegnazione ai tipi I e II della muratura che si sta analizzando; ciò sia nel caso in cui sia disponibile la sola informazione sulla malta (suggerimento riportato nel campo II° livello di conoscenza), sia nel caso in cui si riescano a rilevare contemporaneamente la qualità della malta ed il tipo di sezione muraria (suggerimento riportato

Tab 3.2 ABACO DELLE MURATURE basato sul Paramento esterno (1° livello di conoscenza)

Tipo	Tipo di elementi	Codice Tipo	Codice Ricorsi	Assegnazione	Esempi di Tessitura
MURATURA IRREGOLARE COD. A	Pietra arrotondata o ciottoli di fiume di piccole o medie dimensioni	A1	SR (no)		
			CR (si)		
	Pietra grezza o pietrame: scapoli di cava, scaglie, pietre di pezzature varia	A2	SR (no)		
			CR (si)		
MURATURA SBOZZATA COD. B	Elementi lastriformi ("pietra a scietti")	B1	SR (no)		
			CR (si)		
	Elementi pseudo regolari sommaria-mente lavorati	B2	SR (no)		
			CR (si)		

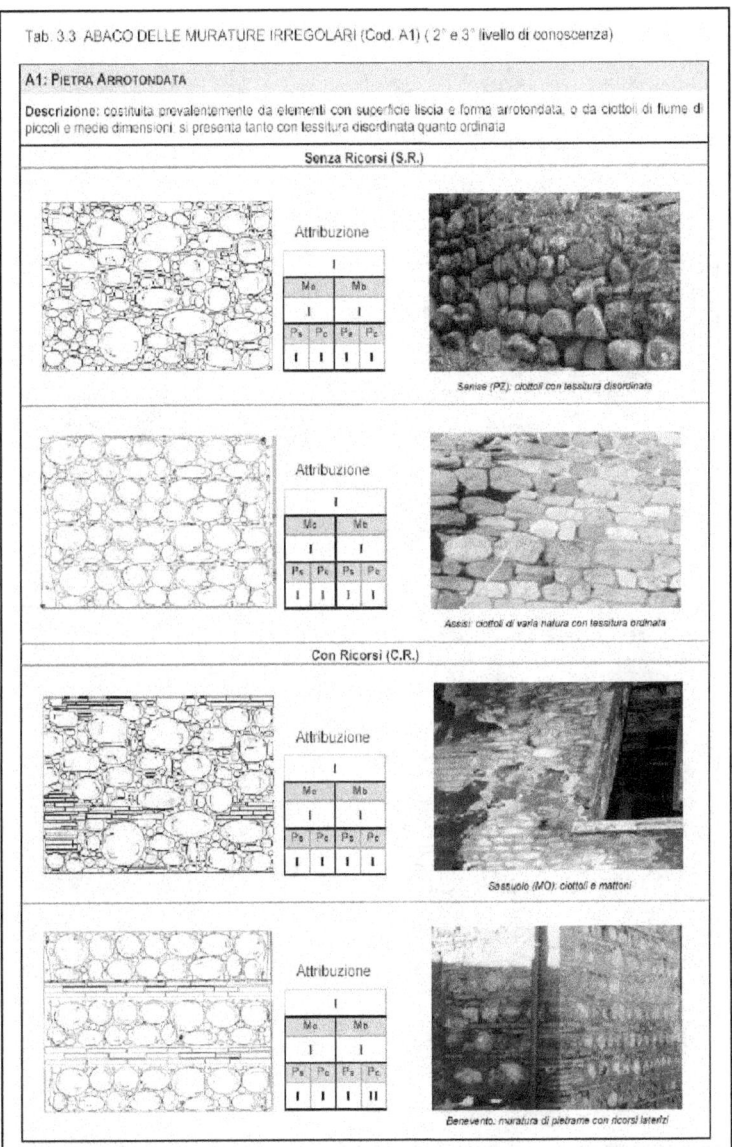

363

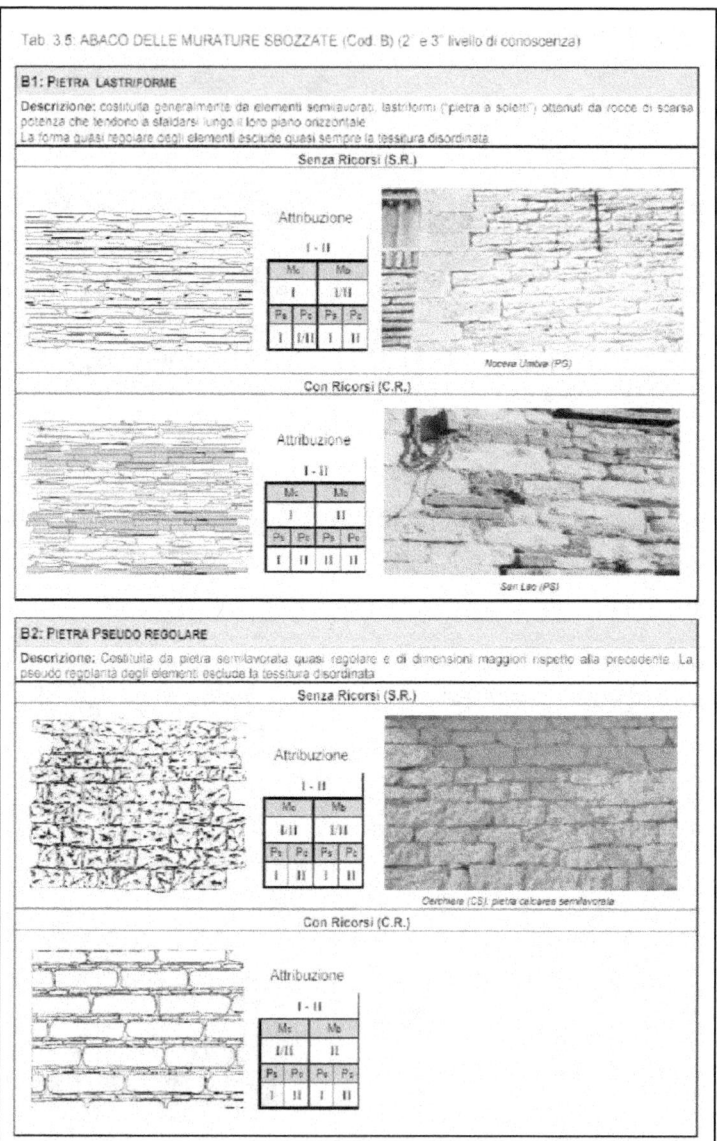

Tab. 3.5: ABACO DELLE MURATURE SBOZZATE (Cod. B) (2° e 3° livello di conoscenza)

B1: Pietra Lastriforme

Descrizione: costituita generalmente da elementi semilavorati, lastriformi ("pietra a soletti") ottenuti da rocce di scarsa potenza che tendono a staldarsi lungo il loro piano orizzontale
La forma quasi regolare degli elementi esclude quasi sempre la tessitura disordinata

B2: Pietra Pseudo Regolare

Descrizione: Costituita da pietra semilavorata quasi regolare e di dimensioni maggiori rispetto alla precedente. La pseudo regolarità degli elementi esclude la tessitura disordinata

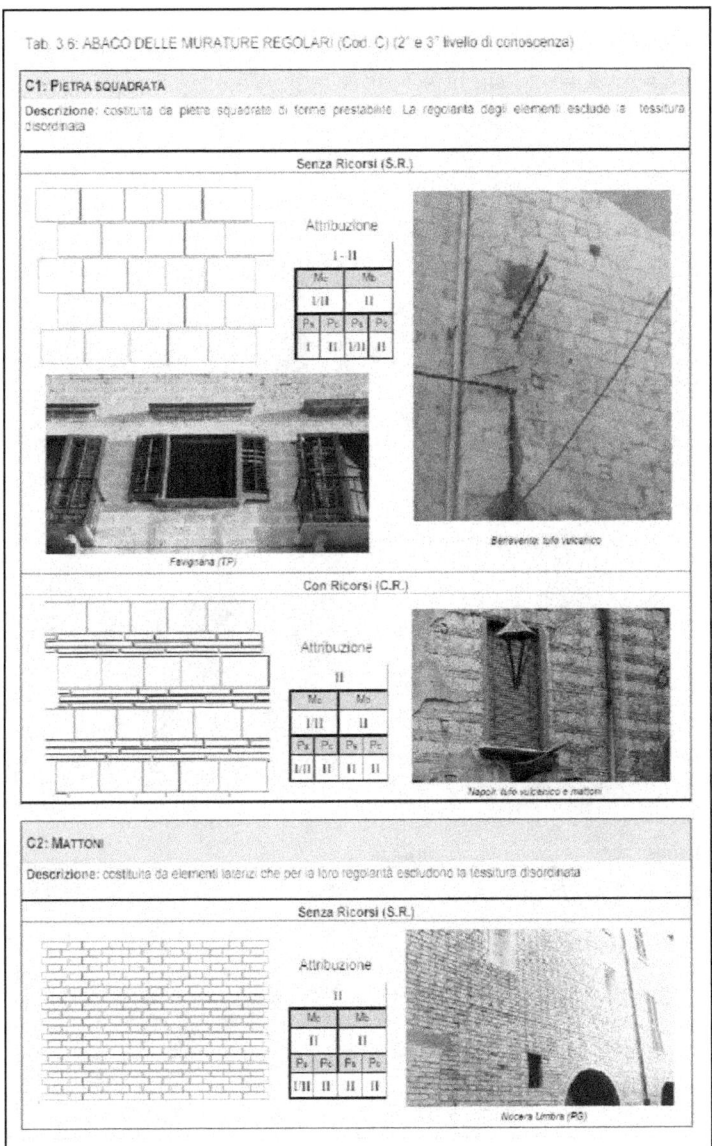

Tab. 3.6: ABACO DELLE MURATURE REGOLARI (Cod. C) (2° e 3° livello di conoscenza)

C1: PIETRA SQUADRATA

Descrizione: costituita da pietra squadrata di forma prestabilita. La regolarità degli elementi esclude la tessitura disordinata

Benevento, tufo vulcanico

Favignana (TP)

Napoli, tufo vulcanico e mattoni

C2: MATTONI

Descrizione: costituita da elementi laterizi che per la loro regolarità escludono la tessitura disordinata

Nocera Umbra (PG)

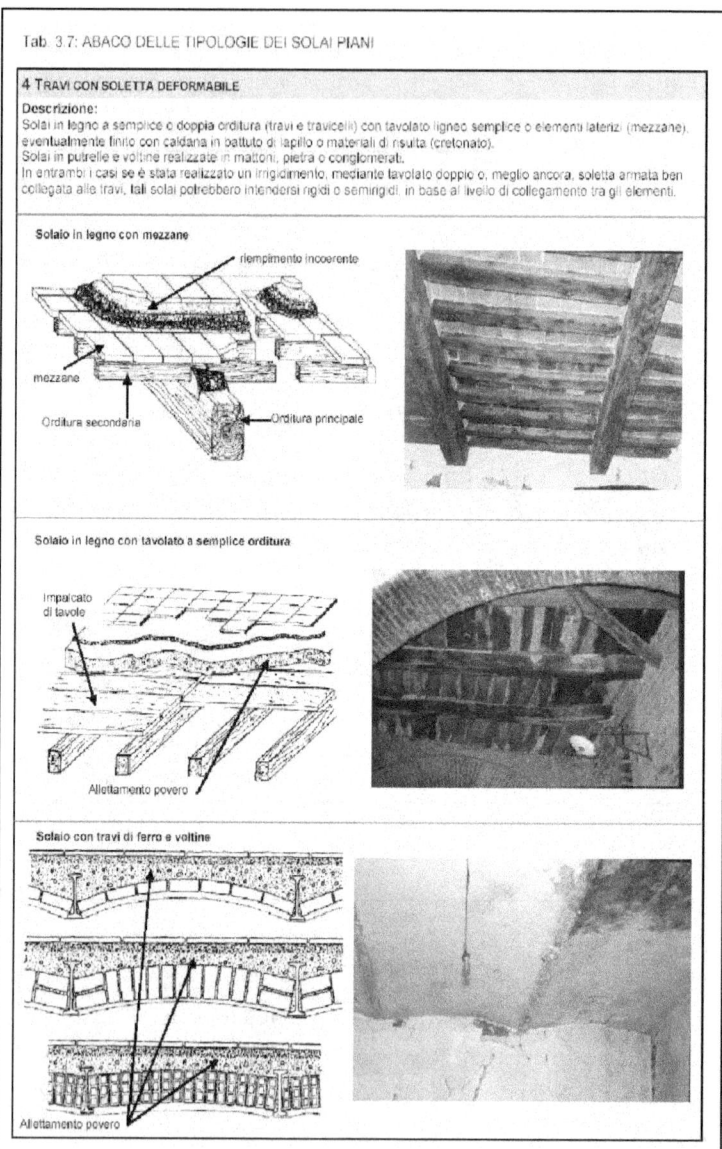

Tab. 3.7: ABACO DELLE TIPOLOGIE DEI SOLAI PIANI

4 TRAVI CON SOLETTA DEFORMABILE

Descrizione:
Solai in legno a semplice o doppia orditura (travi e travicelli) con tavolato ligneo semplice o elementi laterizi (mezzane), eventualmente finito con caldana in battuto di lapillo o materiali di risulta (cretonato).
Solai in putrelle e voltine realizzate in mattoni, pietra o conglomerati.
In entrambi i casi se è stata realizzato un irrigidimento, mediante tavolato doppio o, meglio ancora, soletta armata ben collegata alle travi, tali solai potrebbero intendersi rigidi o semirigidi, in base al livello di collegamento tra gli elementi.

Solaio in legno con mezzane

riempimento incoerente

mezzane

Orditura secondaria   Orditura principale

Solaio in legno con tavolato a semplice orditura

Impalcato
di tavole

Allettamento povero

Solaio con travi di ferro e voltine

Allettamento povero

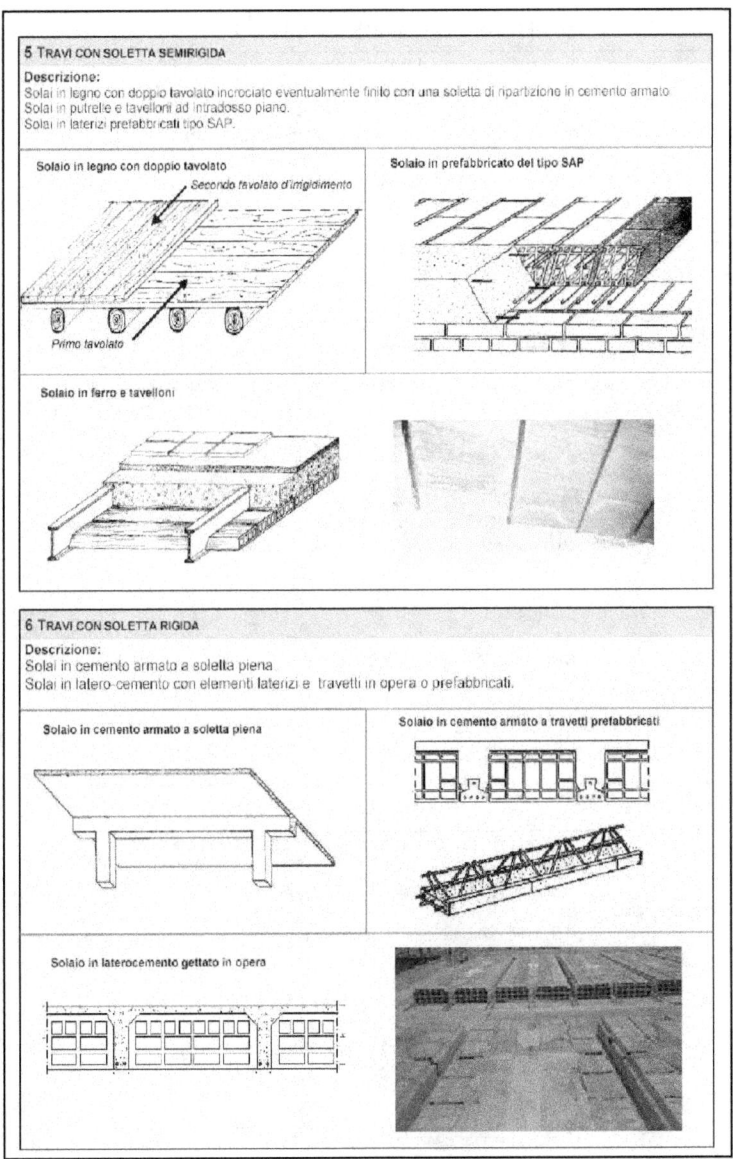

5 TRAVI CON SOLETTA SEMIRIGIDA

Descrizione:
Solai in legno con doppio tavolato incrociato eventualmente finito con una soletta di ripartizione in cemento armato
Solai in putrelle e tavelloni ad intradosso piano.
Solai in laterizi prefabbricati tipo SAP.

Solaio in legno con doppio tavolato

Secondo tavolato d'irrigidimento

Primo tavolato

Solaio in prefabbricato del tipo SAP

Solaio in ferro e tavelloni

6 TRAVI CON SOLETTA RIGIDA

Descrizione:
Solai in cemento armato a soletta piena
Solai in latero-cemento con elementi laterizi e travetti in opera o prefabbricati.

Solaio in cemento armato a soletta piena

Solaio in cemento armato a travetti prefabbricati

Solaio in laterocemento gettato in opera

5.1.3 Stralcio dell'allegato 3C1:

ALLEGATO 3C
INDICAZIONI PER LA DIMOSTRAZIONE DEL DANNO
(PR.U.VER - PROTOCOLLO UNICODI VERIFICA DEI PPS-PS)

Per la dimostrazione del danno fare riferimento ai criteri generali adottati dai gruppi tecnici di verifica opportunamente adeguati al livello di progettazione esecutiva.

ESEMPIO DI DIMOSTRAZIONE DEL LIVELLO DI DANNO
EDIFICI IN MURATURA

La dichiarazione del nesso di causalità, resa dal tecnico progettista, è sufficiente che riporti la seguente dicitura : "**edificio danneggiato dall'evento sismico del 2002**".

La dimostrazione del danno da parte del tecnico dovrà essere effettuata come di seguito indicato:
* Nel caso del danno provocato soltanto dal sisma del 2002 seguendo le indicazioni contenute nel presente documento;
* Nel caso di danno accentuato dal sisma del 2002 dimostrando tale condizione anche attraverso :
  o il confronto tra una documentazione fotografica e tecnica antecedente il sisma del 2002 e una successiva allo stesso evento;
  o una documentazione tecnica che consenta di riconoscere la datazione del danneggiamento rilevato a seguito del sisma del 2002 (epoca delle fessurazioni e dei dissesti).

LIVELLO DI DANNO SIGNIFICATIVO

Il livello di danno significativo è raggiunto quando almeno una della quattro condizioni di seguito indicate è soddisfatta.

*Per la dimostrazione della condizione di danno rappresentare sul rilievo dello stato di fatto il quadro fessurativo nel **livello maggiormente danneggiato** con riferimento alla documentazione fotografica.*

Livello di danno	Condizioni del danno significativo
Danno significativo	1. lesioni diffuse di qualunque tipo nelle murature portanti o negli orizzontamenti per un'estensione pari almeno al 30% della superficie totale degli elementi resistenti interessati a qualsiasi livello 2. lesioni concentrate nelle murature o nelle volte di ampiezza pari almeno a 3 mm; 3. schiacciamenti nelle murature e/o nelle volte; 4. distacchi ben definiti tra strutture portanti orizzontali e verticali e all'intersezione dei maschi murari. 5.

livello di danno significativo – linee di indirizzo CTS – parte II

368

Condizione n.1 : lesioni diffuse di qualunque tipo nelle murature portanti o negli orizzontamenti per un'estensione pari almeno al 30% della superficie totale degli elementi resistenti interessati a qualsiasi livello

- *Si intendono per lesioni diffuse quelle di ampiezza limitata (minore di 3 mm) non passanti che possono essere di qualunque tipo (trazione, compressione, taglio..) e andamento (verticale, orizzontale, inclinato..); sono caratterizzate da una distribuzione nel piano delle murature portanti con estensione pari alle dimensioni dei conci murari , nella maggior parte parallele tra di loro, e visibili su uno o su entrambi i lati dell'elemento strutturale. Bisogna fare attenzione a distinguere tali lesioni da quelle da schiacciamento (condizione 3) e da quelle relative ai distacchi tra le strutture portanti verticali ed orizzontali negli incroci murari (condizione 4);.*

- *Le murature portanti coincidono con le pareti aventi funzione strutturale ad eccezione delle tramezzature senza alcuna funzione portante. Per parete si intende il pannello murario portante individuato tra due incroci strutturali di murature portanti verticali e due orizzontamenti. Nel computo della superficie della parete è possibile considerare il vuoto strutturale quando le dimensioni sono modeste ed è presente il cerchiaggio del vuoto o la piattabanda e i montanti hanno una resistenza elevata (maggiore della muratura della parete).*

- *Per orizzontamento si intende un campo (di solaio, di volta..) tra 4 o più pareti portanti;*

- *Gli elementi resistenti coincidono con le murature portanti e con tutti gli elementi strutturali che concorrono alla risposta strutturale del corpo di fabbrica sia per carichi verticali che orizzontali compreso quindi gli elementi di collegamento tra i maschi murari in corrispondenza delle aperture (porte e finestre).*

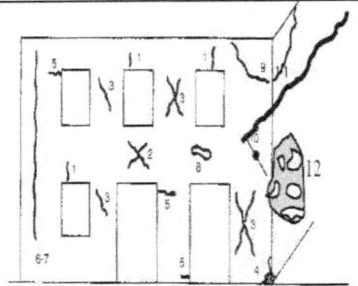

Schema di riferimento per le lesioni alle murature

1: Lesioni ad andamento pressoché verticale sulle architravi di aperture
2: lesioni ad andamento diagonale nelle fasce di piano (parapetti di finestre, architravi)
3: lesioni ad andamento diagonale in elementi verticali (maschi murari)
4: schiacciamento locale della muratura con o senza espulsione di materiale
5: lesioni ad andamento pressoché orizzontale in testa e/o al piede di maschi murari
6: lesioni ad andamento pressoché verticale in corrispondenza di incroci fra muri
7: come 6 ma passanti
8: espulsione di materiale in corrispondenza degli appoggi di travi dovuta a martellamento;
9: formazione di cuneo dislocato in corrispondenza della intersezione fra due pareti ad angolo
10: rottura di catene o sfilamento dell'ancoraggio;
11: lesioni ad andamento orizzontale in corrispondenza dei solai o sottotetto
12: distacco di uno dei paramenti di un muro a doppio paramento

Condizione	Dimostrazione danno	Meccanismi associati
n. 1- lesioni diffuse di qualunque tipo nelle murature portanti o negli orizzontamenti per un'estensione pari almeno al 30% della superficie totale degli elementi resistenti interessati a qualsiasi livello	*Sul rilievo geometrico dello stato di fatto riportare il quadro fessurativo e i punti di scatto delle foto. Scala almeno 1:200.* *Per il computo della superficie degli elementi interessati da lesioni diffuse dovrà risultare verificata almeno una delle 3 condizioni di seguito indicate:* - *lesioni diffuse nel singolo elemento resistente; il 30% della superficie di un elemento resistente a qualsiasi livello risulta essere interessato da lesioni diffuse di ampiezza minore a 3 mm.* - *lesioni di ampiezza minore di 3 mm diffuse nel 30% della superficie delle murature portanti e degli orizzontamenti di almeno 1 livello del SP;* - *lesioni di ampiezza minore di 3 mm diffuse nel 30% delle strutture portanti e degli orizzontamenti dell'intero SP.* *Nel computo della superficie della parete è possibile considerare il vuoto strutturale quando le dimensioni sono modeste ed è presente il cerchiaggio del vuoto o la piattabanda e i montanti hanno una resistenza elevata (maggiore della muratura della parete).*	da taglio — irregolarità strutture adiacenti cedimento di architravi e piattabande — da irregolarità del materiale e debolezze locali

Condizione C1 :SP1 e SP3 - le lesioni diffuse interessano una superficie maggiore del 30% di quella strutture verticali portanti – Condizione Verificata SP 2 condizione non verificata ;
Condizione C4 : SP1 e SP3 - : sono presenti lesioni negli spigoli che evidenziano 'attivazione di un meccanismo di collasso – Condizione verificata;

Vista 1	Vista 2

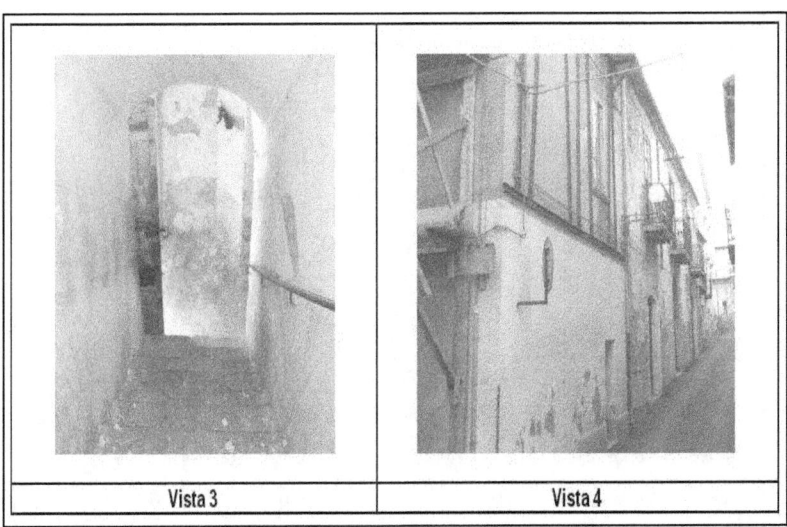

Vista 3	Vista 4

Condizione n.2 :
lesioni concentrate passanti nelle murature o nelle volte di ampiezza pari almeno a 3 mm;

Coincidono con le lesioni di entità medio grave dovute alla attivazione di un meccanismo di collasso nel piano o fuori del piano.

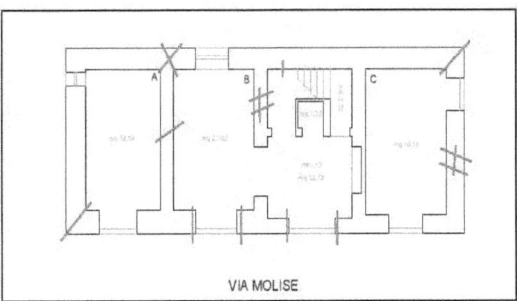

Per soddisfare la condizione n.2 è sufficiente rilevare la presenza di almeno 2 lesioni di ampiezza pari almeno a 3 mm nelle murature portanti o nelle volte. Indicare le lesioni nello schema grafico unitamente ai punti di scatto della documentazione fotografica.

Condizione n. 3 : sono presenti schiacciamenti nelle murature e/o nelle volte

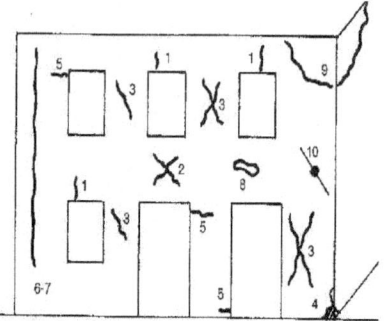

esempi di lesioni – manuale di agibilità SSN-GNDT

lesioni tipo n.4 - schiacciamento locale della muratura con o senza espulsione di materiale

Lesioni (tipo 4) *di lieve-media entità imputabili a schiacciamento locale della muratura con sgretolamento della malta e/o di elementi lapidei o laterizi, con o senza espulsione di materiale. Questo tipo di danneggiamento può indicare un superamento localizzato della resistenza a compressione della muratura, magari favorito da condizioni di maggior degrado e minor confinamento tipiche degli angoli.*
Va valutato con estrema attenzione, se limitato a un sintomo lieve può essere annoverato in questa categoria, altrimenti è elemento per passare al livello di danno superiore.
Ovviamente occorre attenzione per non confondere questa diagnosi con fenomeni che possono dare sintomi simili, come, ad esempio, le espulsioni di intonaco dovute all'effetto combinato di rigonfiamenti per umidità e a qualche lieve scuotimento (magari vibrazioni da traffico). In questi casi è opportuno tentare di eliminare localmente l'intonaco per esaminare la muratura (rif. Manuale di agibilità SSN-GNDT).
Il comportamento delle murature rispetto a questo meccanismo di danno è in genere abbastanza fragile, in special modo per la muratura di mattoni pieni e ancor più per quella in elementi forati, quindi questo tipo di danno va valutato con estrema attenzione. La gravità dipende dall'estensione, indice di una più o meno compromessa capacità portante verticale, dalla tipologia muraria e dalla geometria.
Se esistono le condizioni per una forte concentrazione di tensioni verticali (ad esempio per la presenza di aperture che riducono la sezione resistente) ed in edifici di altezza non trascurabile e con cattivo stato di conservazione delle murature, il rischio strutturale può ritenersi elevato.
Le lesioni da schiacciamento possono essere di qualunque ampiezza.

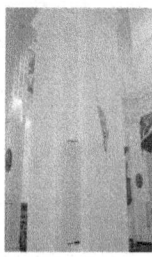

Condizione n. 4 : distacchi ben definiti tra strutture portanti orizzontali e verticali e all'intersezione dei maschi murari.

Lesioni (tipo 6 e 7) di distacco delle pareti, in corrispondenza degli incroci. Questo tipo di lesioni, specie quelle passanti, indicano la perdita di connessione fra murature ortogonali, il che può portare progressivamente alla formazione di setti scollegati. Il livello di danno di solito è associato ai meccanismi di I modo per azioni fuori del piano (ribaltamento) ed è visibile in corrispondenza della parte alta delle pareti perimetrali negli incroci murari. (rif. manuale di agibilità- SSN-GNDT). I distacchi possono essere evidenziati da lesioni di qualunque ampiezza e sono dovuti ad una elevata vulnerabilità dell'elemento strutturale al meccanismo attivato (assenza di collegamenti di piano, ammorsamenti murari deboli, campi di muratura molto ampi). Questo tipo di danno è, di solito, associato a meccanismi di collasso di ribaltamento che rappresentano la maggior parte dei meccanismi attivati dalla crisi sismica del 2002 e rilevabili anche in zone per le quali è stata rilevata una Imcs bassa (minore di 6).

Il distacco ben definito è presente quando la lesione ha una estensione pari almeno ad 1 m ed è visibile lungo l'incrocio verticale e/o orizzontale.

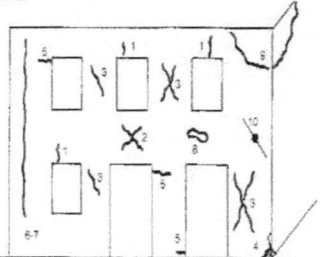

esempi di lesioni – manuale di agibilità SSN-GNDT

6: lesioni ad andamento pressoché verticale in corrispondenza di incroci fra muri
7: come 6 ma passanti

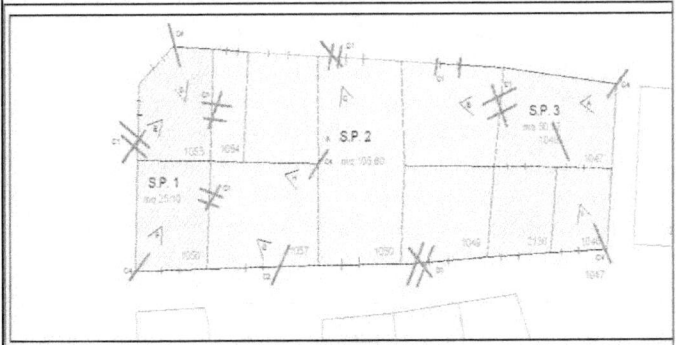

Le lesioni negli incroci delle pareti verticali e degli orizzontamenti evidenziano l'attivazione del meccanismo di ribaltamento (I modo) e il distacco tra le strutture verticali e quelle orizzontali. I distacchi devono essere beni definiti .

RIEPILOGO Danno significativo

Condizione	Dimostrazione danno	Meccanismi associati
n. 1- lesioni diffuse di qualunque tipo nelle murature portanti o negli orizzontamenti per un'estensione pari almeno al 30% della superficie totale degli elementi resistenti interessati a qualsiasi livello	*Sul rilievo geometrico dello stato di fatto del livello maggiormente danneggiato, in scala almeno 1: 200, riportare il quadro fessurativo e i punti di scatto delle fotografie.* *Per il computo della superficie degli elementi interessati da lesioni diffuse dovrà risultare verificata almeno una delle 3 condizioni di seguito indicate:* - *lesioni diffuse nel singolo elemento resistente; il 30% della superficie di un elemento resistente a qualsiasi livello risulta essere interessato da lesioni diffuse di ampiezza minore a 3 mm.* - *lesioni di ampiezza di 3 mm diffuse nel 30% della superficie delle murature portanti e degli orizzontamenti di almeno 1 livello del SP;* - *lesioni di ampiezza minore di 3 mm diffuse nel 30% delle strutture portanti e degli orizzontamenti dell'intero SP.* *Nel computo della superficie della parete è possibile considerare il vuoto strutturale quando le dimensioni sono modeste ed è presente il cerchiaggio del vuoto o la piattabanda e i montanti hanno una resistenza elevata (maggiore della muratura della parete).*	 da taglio irregolarità strutture adiacenti cedimento di architravi e piattabande da irregolarità del materiale e debolezze locali

Condizione C1 :SP1 e SP3 - le lesioni diffuse interessano una superficie maggiore del 30% di quella strutture verticali portanti – Condizione Verificata SP 2 condizione non verificata ;

Condizione C4 : SP1 e SP3 - : sono presenti lesioni negli spigoli che evidenziano 'attivazione di un meccanismo di collasso – Condizione verificata;

Condizione	Dimostrazione danno	Meccanismi associati
n.2 - lesioni concentrate passanti nelle murature o nelle volte di ampiezza pari almeno a 3 mm;	*Coincidono con le lesioni di entità medio grave dovute alla attivazione di un meccanismo di collasso nel piano o fuori del piano.* Per soddisfare la condizione n.2 è sufficiente rilevare la presenza di almeno 2 lesioni di ampiezza pari almeno a 3 mm nelle murature portanti o nelle volte. Indicare le lesioni nello schema grafico unitamente ai punti di scatto della documentazione fotografica.	
n. 3 : sono presenti schiacciamenti nelle murature e/o nelle volte	*lesioni tipo n.4 - schiacciamento locale della muratura con o senza espulsione di materiale*	
n. 4 : distacchi ben definiti tra strutture portanti orizzontali e verticali e all'intersezione dei maschi murari.	*Questo tipo di lesioni, specie quelle passanti, indicano la perdita di connessione fra murature ortogonali, il che può portare progressivamente alla formazione di setti scollegati.* *Il livello di danno di solito è associato ai meccanismi di I modo per azioni fuori del piano (ribaltamento) ed è visibile in corrispondenza della parte alta delle pareti perimetrali negli incroci murari. (rif. manuale di agibilità- SSN-GNDT).* *I distacchi possono essere evidenziati da lesioni di qualunque ampiezza e sono dovuti ad una elevata vulnerabilità dell'elemento strutturale al meccanismo attivato (assenza di collegamenti di piano, ammorsamenti murari deboli, campi di muratura molto ampi).* *Questo tipo di danno è, di solito, associato a meccanismi di collasso di ribaltamento che rappresentano la maggior parte dei meccanismi attivati dalla crisi sismica del 2002 e rilevabili anche in zone per le quali è stata rilevata una Imcs bassa (minore di 6).* *Il distacco ben definito è presente quando la lesione ha una estensione pari almeno ad 1 m ed è visibile lungo l'incrocio verticale e/o orizzontale.*	 da ribaltamento della parete da ribaltamento parziale della parete

Livello di danno	Condizioni del danno GRAVE
Danno grave	Si definisce danno grave quello consistente in almeno una delle condizioni di seguito definite: 1. pareti con fuori piombo per una ampiezza superiore a 5 cm sull'altezza di un piano o comunque che riguardano un'altezza superiore ai 2/3 della parete stessa; 2. crolli parziali delle strutture verticali portanti che interessino una superficie superiore al 5% della superficie totale delle murature portanti; 3. crolli parziali delle strutture orizzontali che interessino una superficie superiore al 10% della superficie totale delle strutture portanti orizzontali; 4. lesioni diagonali passanti che in corrispondenza di almeno un livello interessino almeno il 30% della superficie totale delle strutture portanti del medesimo livello; 5. lesioni di schiacciamento che interessino almeno il 15% della superficie totale delle strutture portanti del medesimo livello.

1 pareti fuori piombo per una ampiezza superiore a 5 cm sull'altezza di un piano o comunque che riguardano un'altezza superiore ai 2/3 della parete stessa

5 cm

h di piano
o
2/3 dell'altezza di parete

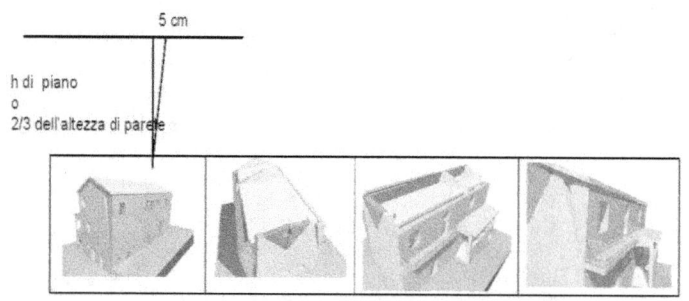

Fuori piombo visibili in edifici antichi, se stabilizzati e non riattivati dal terremoto potrebbero essere ritenuti non influenti sulla sicurezza perché facenti parte ormai di un consolidato equilibrio statico complessivo. Ovviamente quanto più l'entità del fuori piombo è sensibile tanto più occorre considerare il quadro complessivo dell'edificio e valutare se tale danno possa ritenersi effettivamente ininfluente, discernendo i casi di fuori piombo dovuti, per esempio, ad usura delle murature, da quelli che denunciano spanciamenti di tutto lo spessore di parete. In ogni caso l'importanza del fuori piombo dal punto di vista del rischio strutturale è condizionata dall'efficacia dei collegamenti agli impalcati. (manuale di agibilità scheda Aedes). I fuori piombo sono associati, nella maggior parte dei casi a meccanismi di ribaltamento parziale o totale delle pareti e di flessione verticale ed orizzontale.

1. crolli parziali delle strutture verticali portanti che interessino una superficie superiore al 5% della superficie totale delle murature portanti
2. crolli parziali delle strutture orizzontali che interessino una superficie superiore al 10% della superficie totale delle strutture portanti orizzontali;
3. lesioni diagonali passanti che in corrispondenza di almeno un livello interessino almeno il 30% della superficie totale delle strutture portanti del medesimo livello

   Le lesioni diagonali sono associate, prioritariamente, ai meccanismi di taglio degli elementi strutturali resistenti.

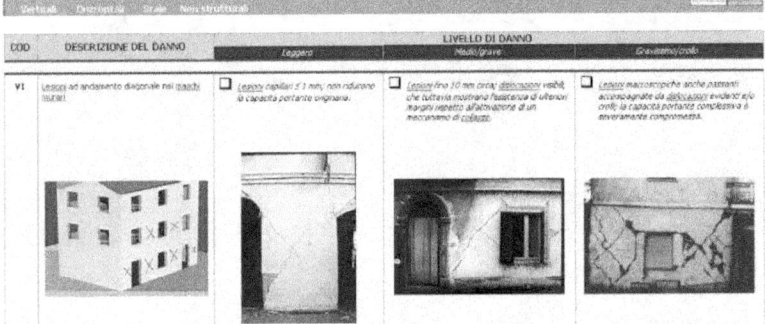

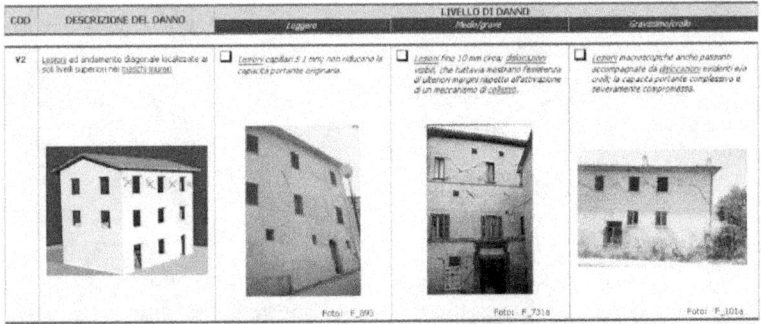

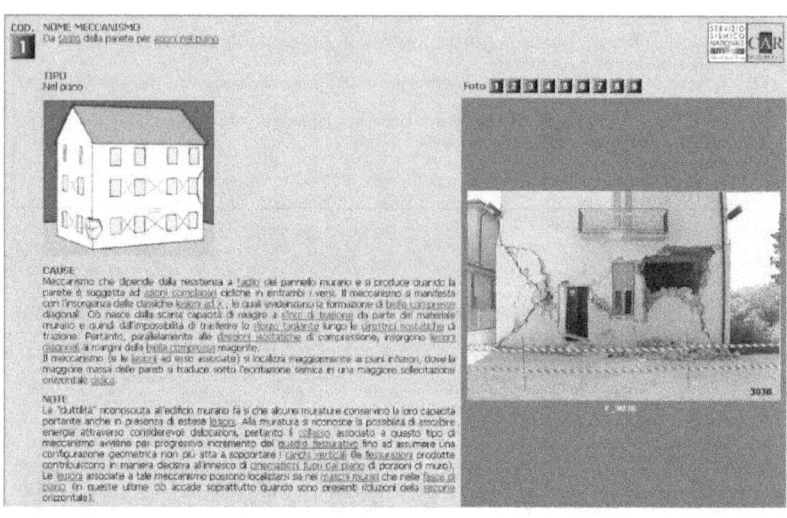

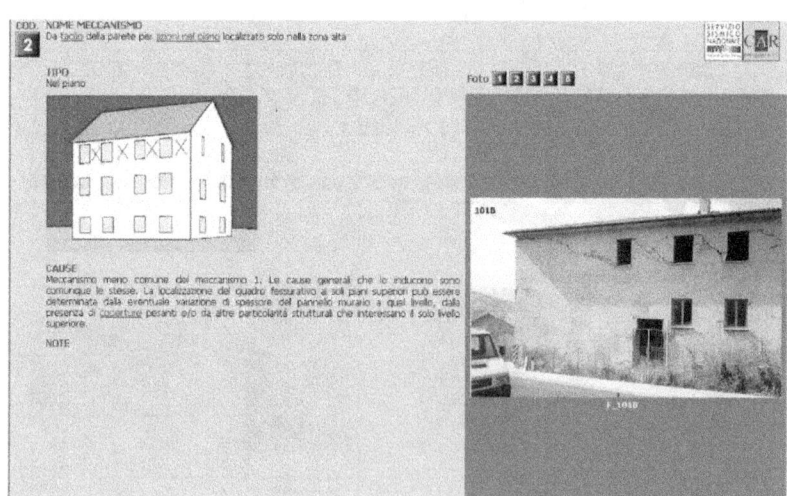

6.1 CONCLUSIONI

L'esame delle lesioni nei fabbricati in muratura è un'attività molto difficile e per essa, quasi sempre, non bastano le cognizioni scientifiche in possesso del tecnico chiamato a tale ruolo, ma occorre una grande esperienza formatasi con una pratica svolta effettivamente su lavori eseguiti con fenomeni osservati e sperimentati in una lunga attività professionale ed a questo proposito si ricorda che quasi tutta la documentazione fotografica allegata nei diversi Capitoli è attinta dell'archivio personale degli autori, frutto di un'intenza e lunga operosità lavorativa. Nella pratica, spesso, si ha l'esigenza di formulare, in tempo brevissimo, una diagnosi su di un fabbricato dissestato e/o in fase di dissesto e di dover risalire alle cause decretando provvedimenti d'urgenza o rimedi definitivi con giudizi pregnanti di responsabilità, specialmente quando si è chiamati a risolvere casi gravi in cui il tempo è esiguo e ogni esitazione potrebbe essere fatale: solo un'eccellente preparazione e conoscenza maturata nel tempo consente di fare ciò.

Bibliografia

• Fascia Flavia – Iovino Renato (2008) LA STRUTTURA IN CEMENTO ARMATO PER L'ARCHITETTURA – ed.Aracne;

• Sigmund Carlo – (2008) CEMENTO ARMATO – Dario Flaccovio Editore;

• Atti tratti dal seminario Cavità Antropiche Nel Tufo Della Piana Campana: PROBLEMATICHE GEOLOGICHE E GEOMECCANICHE tenuto da Angelo Spizuoco nel febbraio 1990 presso Dipartimento Scienze della Terra – Università degli Studi di Napoli;

• Dispense Corso integrativo di geologia applicata per gli studenti del quarto anno del corso di laurea in Scienze Geologiche tenuto da Angelo Spizuoco presso il Dipartimento di Scienze della Terra dell'Università degli Studi di Napoli nell'anno accademico 1990/1991.

• Dispense Corso-concorso esterno in "Difesa del suolo - Tecnica delle fondazioni (Geotecnica) - Pianificazione territoriale" per l'accesso alla prima qualifica dirigenziale Area Ingegneristica tenuto da Angelo Spizuoco nell'anno 1992 presso la Regione Molise a seguito bando con D.P.R. n.1362 del 18/4/1990.

• Dispense Corso di formazione avanzata "Ambiente fisico del sottosuolo delle pianure" tenuto da Angelo Spizuoco presso la facoltà di Scienze Matematiche/Fisiche e Naturali dell'Università degli Studi di Parma nell'annualità 1994/95.

- Ortolani F., Pagliuca S., Spizuoco A. (2009) – SISMA DELL'AQUILA ED EFFETTI LOCALI: DOVE FINISCE LA NATURA COMINCIA LA MANO DELL'UOMO - PERIODICO TRIMESTRALE DELLA SIGEA – Società Italiana di Geologia Ambientale N°3/2009 –ISSN: 1591-5352;
- Ortolani F., Pagliuca S., Spizuoco A. – GEOLOGIA TECNICA TERRITORIALE IN AREE SISMICHE: PROBLEMATICHE CONNESSE ALLA VALUTAZIONE DELL'AMPLIFICAZIONE SISMICA LOCALE – Conferenza Scientifica Annuale sulle Attività di Ricerca del Dipartimento di Scienze della Terra Università di Napoli Federico II -1991;
- Spizuoco A. Aprile F. - PARAMETRI STATICI E DINAMICI DEI TERRENI SUPERFICIALI IN UN'AREA DEL NOLANO - Conferenza Scientifica Annuale sulle Attività di Ricerca del Dipartimento di Scienze della Terra Università di Napoli Federico II -1991;
- Spizuoco A., Ortolani F., - ELEMENTI STRUTTURALI, EFFETTI LOCALI E

DANNI AI MANUFATTI NELL'AREA ABRUZZESE INTERESSATA DAL SISMA DEL 6 APRILE 2009 – Workshop – il terremoto aquilano dell'aprile 2009: primi risultati e strategie future – Università "G. D'Annunzio" di Chieti – Pescara;

- Spizuoco Angelo, Ortolani Franco, Spizuoco Anna ed altri, - IL SISTEMA AMBIENTALE ITALIANO NEL CONTESTO DEL BACINO MEDITERRANEO – 2014 - Ed. Giambra;
- Raccomandazioni Ass.ne Geotecnica Italiana;
- Guerra C. (1945) ARCHITETTURA TECNICA Terza Edizione Casa editrice R. Pironti –Napoli;
- Atti del seminario "Stabilità dei versanti" tenuto da Angelo Spizuoco presso il Dipartimento di Scienze della terra dell'Università degli Studi di Napoli - 1991;
- Atti del seminario "Pendii naturali e fronti di scavo: problematiche geologiche e geomeccaniche" tenuto da Angelo Spizuoco presso il Dipartimento di Scienze della terra dell'Università degli Studi di Napoli – 1991;
- Atti del seminario "Aree potenzialmente instabili: problematiche geologiche e geomeccaniche" tenuto da Angelo Spizuoco presso il Dipartimento di

Scienze della terra dell'Università degli Studi di Napoli – 1991;

- Atti del seminario "Attività estrattiva e difesa del suolo: problematiche geologiche e geomeccaniche" tenuto da Angelo Spizuoco presso il Dipartimento di Scienze della terra dell'Università degli Studi di Napoli nell'anno accademico 1991/92;

- Atti del seminario "Prove in sito e di laboratorio" tenuto da Angelo Spizuoco presso il Dipartimento di Scienze della terra dell'Università degli Studi di Napoli nell'anno accademico 1991/92.

- Atti del seminario "Tecnologia delle costruzioni sulle formazioni rocciose: caratteri litologici, geologici e geomeccanici" tenuto da Angelo Spizuoco presso il Dipartimento di Scienze della terra dell'Università degli Studi di Napoli nell'anno accademico 1991/92.

- Dispense lezioni di "Elementi di Statica e Meccanica del continuo" tenute da Angelo Spizuoco -1987;

- Dispense lezioni "Calcolo delle Deformazioni nelle Strutture isostatiche" tenute da Angelo Spizuoco – 1988;

- Disp. lez. sulle "Strutture iperstatiche" tenute da Angelo Spizuoco – 1988;

- Disp. lez. di "Costruzioni in Muratura" tenute da Angelo Spizuoco – 1989;

- Dispense lezioni modulo di "Geotecnica" tenuto da Angelo Spizuoco per il corso di superdiploma in "Restauro e Recupero dei Centri Storici" su autorizzazione del Ministero della Pubblica Istruzione ed in collaborazione con l'Università degli Studi di Napoli "Federico II -1999 ÷2001;
- Dispense lezioni di "Costruzioni" tenute da Angelo Spizuoco – 1990÷2010;
- SPIZUOCO A., Ortolani F., - Elementi Strutturali, Effetti Locali E Danni Ai Manufatti Nell'Area Abruzzese Interessata Dal Sisma Del 6 Aprile 2009 – Workshop – il terremoto aquilano dell'aprile 2009: primi risultati e strategie future – Università "G. D'Annunzio" di Chieti – Pescara;
- SPIZUOCO A., Ortolani F. ed altri, - L'ALLUVIONE DI MESSINA ED IL DISSESTO IDROGEOLOGICO IN ITALIA – Ed. Reg. Sicilia & Colleg. Prov. Geom. Laureati di Messina;
- SPIZUOCO A., Ortolani F., Spizuoco Anna ed altri, - UN TRIENNIO DI ALLUVIONE IN ITALIA 2009-2011- Ed. Giambra;
- SPIZUOCO Angelo, "Elemento di fabbrica: fondazione" dispense delle lezioni tenute da A. SPIZUOCO per allievi del corso di Architettura Tecnica 2 – Università Degli Studi Di Napoli Federico II – Laurea in

Ingegneria edile & Architettura –anno acc. 2012-2013;

- Ortolani F., SPIZUOCO A. (2010) – Evento Alluvionale Del Messinese Del 1° Ottobre 2009. La devastazione causata a Scaletta Zanclea Marina dal flusso fangoso-detritico del torrente Racinazzo - Periodico Trimestrale Della SIGEA – Società Italiana di Geologia Ambientale N°1/2010 –ISSN: 1591-5352;
- Ortolani F., Pagliuca S., SPIZUOCO A. (2009) – Sisma Dell'Aquila Ed Effetti Locali: Dove Finisce La Natura Comincia La Mano Dell'Uomo - Periodico Trimestrale Della SIGEA – Società Italiana di Geologia Ambientale N°3/2009 –ISSN: 1591-5352;
- Spizuoco Angelo - LEZIONI SUL Cemento Armato – ED. LER NAPOLI/ROMA – ISBN 88-8264-230-8;
- Spizuoco Angelo – Elementi di fabbrica – Fondazioni: Casi reali d'insuccesso – Indagini in sito – ISBN 9788827500545 – Ingegneria Civile e Ambientale – Italia – 03-03-2018;
- Spizuoco Angelo, Scavi e tipologie fondali - Predimensionamento delle fondazioni - ISBN 9788827583562 - Ingegneria Civile e Ambientale – Italia -15-03-2018;
- Spizuoco Angelo, Anna Spizuoco – Dissesti e quadri fessurativi di fabbricati in

muratura – ISBN 9788827597958 - Ingegneria Civile e Ambientale – Italia - 31-03-2018;

- Spizuoco Angelo, Anna Spizuoco – Indagini e Tecniche d'intervento per il Consolidamento di edifici in muratura – ISBN 9788827599709 - Ingegneria Civile e Ambientale – Italia - 02-04-2018;

- Spizuoco Angelo, Anna Spizuoco – Costruzioni in Muratura (conoscere il passato per comprendere il presente) – ISBN 9788829596034 - Ingegneria Civile e Ambientale – Italia -13-01-2019;

- Spizuoco Angelo – Teoria elementare del c.a. (conoscere il passato per comprendere il presente) – ISBN 9788832513554 –Ingegneria Civile e Ambientale- Italia-10/02/2019;

- Spizuoco Angelo – Edifici in Cemento Armato (conoscere il passato per comprendere il presente) – ISBN 9788832551310 – Ingegneria Civile e Ambientale – Italia- 24/03/2019;

- Spizuoco Angelo – Prima raccolta di Analisi, Studi, Perizie ed altre cose (in)utili – ISBN 9788834107164 -Ingegneria Civile e Ambientale – Italia- 10/05/2019;

- Spizuoco Angelo - Seconda Raccolta di Analisi, Studi, Perizie e altre cose (in)utili – ISBN 9788834136645 – Ingegneria Civile e Ambientale – Italia – 11-06-2019

- Spizuoco Angelo - Terza Raccolta di Analisi, Studi, Perizie e altre cose (in)utili – ISBN 9788834144534 – Ingegneria Civile e Ambientale – Italia – 21-06-2019
- Spizuoco Angelo - Quarta Raccolta di Analisi, Studi, Perizie e altre cose (in)utili – ISBN 9788834164891 – Ingegneria Civile e Ambientale – Italia – 02-08-2019
- Spizuoco Angelo - Quinta Raccolta di Analisi, Studi, Perizie e altre cose (in)utili – ISBN 9788834181164 – Ingegneria Civile e Ambientale – Italia – 06-09-2019
- Documentazione tratta dall'archivio "lavori SPIZUOCO A." del Centro Studi Progettazioni – Strutture & Geologia – Geotecnica di San Vitaliano (NA).
- Spizuoco Angelo – Lessons on Reinforced Concrete – ED. LER NAPOLI/ROMA;
- Spizuoco Angelo – Elements of a building - Foundations: Actual Cases of Failure – On-site studies – Civil and Environmental Engineering – Italy;
- Spizuoco Angelo, Excavations and Foundations types – Foundations Pre-dimensioning - Civil and Environmental Engineering – Italy;
- Spizuoco Angelo, Anna Spizuoco – Structural Dislocations and Crack Patterns on Masonry Buildings – Civil and Environmental Engineering – Italy;

- Spizuoco Angelo, Anna Spizuoco – Surveys and Reinforcement Measures Technics of Masonry Buildings – Civil and Environmental Engineering – Italy;
- Spizuoco Angelo, Anna Spizuoco – Masonry Buildings (Knowing the Past to Understand the Present) – Civil and Environmental Engineering – Italy;
- Spizuoco Angelo – Reinforce Concrete Elementary Theory (Knowing the Past to Understand the Present) – Civil and Environmental Engineering – Italy;
- Spizuoco Angelo – Reinforce Concrete Buildings (Knowing the Past to Understand the Present) – Civil and Environmental Engineering – Italy;
- Spizuoco Angelo – A First Collection of Analysis, Studies, Surveys and Other (Un)necessary Things – Civil and Environmental Engineering – Italy;
- Spizuoco Angelo - A Second Collection of Analysis, Studies, Surveys and Other (Un)necessary Things – Civil and Environmental Engineering – Italy;
- Spizuoco Angelo - A Third Collection of Analysis, Studies, Surveys and Other (Un)necessary Things – Civil and Environmental Engineering – Italy;
- Spizuoco Angelo - A Fourth Collection of Analysis, Studies, Surveys and Other

(Un)necessary Things – Civil and Environmental Engineering – Italy;
- Documents from "SPIZUOCO A. Works" archives at Projects and Studies Centre – Structures & Geology-Geotechnics – San Vitaliano (NA).
- Spizuoco Angelo - A Fifth Collection of Analysis, Studies, Surveys and Other (Un)necessary Things – Civil and Environmental Engineering – Italy;

Nell'eventualità che passi antologici, citazioni od illustrazioni di competenza altrui siano riprodotti in questo volume, l'autore è a disposizione degli aventi diritto non potuti reperire. L'autore porrà, inoltre, rimedio, in caso di cortese segnalazione, ad eventuali errori e/o omissioni nei riferimenti relativi.

SITI INTERNET:
www.lavoripubblici.regione.campania.it
http://digilander.iol.it/spizuoco/
www.geologiatecnica.it
www.ingegneriageotecnica.it
www.spizuoco.it

Anna Spizuoco *diplomatasi geometra presso I.T.C.G. "Manlio Rossi Doria" di Marigliano (NA) con votazione 100/100, successivamente si è laureata in "Ingegneria edile" e poi ha conseguito la laurea magistrale in "Ingegneria dei Sistemi Edilizi" conseguita con votazione di 107/110 presso l'Università degli Studi di Napoli Federico II; Fin dall'anno 2002 prima in qualità di geometra e successivamente da ingegnere ha collaborato con il Centro Studi "progettazioni – stutture & geologia – geotecnica" per la risoluzione di "Studi Ed Applicazioni Sul Territorio In Materia Di Dissesti Di Natura Antropica Ed Idrogeologica, Progettazione Geotecnica, Verifica Di Versanti, Fronti Di Cava E Progettazione Di Strutture";*
Dal 13/02/2014 al 12/07/2014 ha partecipato al progetto "Lavoro e Sviluppo 4" convenzione stipulata tra Enfap Emilia Romagna per conto di Promuovi Italia Spa e ISARAIL spa n°236del 13/02/2014;
Ha stipulato un contratto di lavoro a progetto con la ISITEK srl nel settore dell'ingegneria ferroviaria con particolare riferimento a "Attività di verifica sottosistema IXL Torino-Padova per il quale ha prestato la propria attività professionale raggiungendo lo scopo previsto; Successivamente sempre con la medesima società ha definito un contratto di lavoro a progetto nel settore dell'ingegneria ferroviaria con particolare riferimento all'attività di simulazione NA L6; Ha verificato le strutture degli edifici (stazioni, passerelle, rampe, percorsi di afflusso e deflusso viaggiatori, fabbricati per il ricovero del personale, fabbricati uffici, fabbricati per il sistema di controllo e sicurezza, ecc.) della Metropolitana di RIAD in Arabia Saudita;
Coautrice di "lista di controllo per verifica Strutturale-Architettonica-Impiantistica e Sicurezza di linee metropolitane e Grandi Stazioni".
Coautrice di "Il tempo geologico e la storia della terra di Lauro" volume realizzato con il cofinanziamento dell'Unione Europea.
Coautrice del Testo "UN TRIENNIO DI ALLUVIONE IN ITALIA 2009-2011" Studi, Idee, Proposte Innovative Mirate A Salvaguardia Dei Territori A Rischio Idrogeologico, Antropico Ed Ambientale – Ed. Regione Sicilia & Collegio Geometri Laureati di Messina. Coautrice del volume,"Il sistema ambientale italiano nel contesto del bacino Mediterraneo", contenente monitoraggio, analisi, studi, idee e proposte innovative mirate alla salvaguardia dei territori a rischio idrogeologico, antropico e ambientale - casa editrice Giambra Editori - 2014. Coautrice del volume "Indagini e tecniche d'intervento per il consolidamento di edifici in muratura" edito da Ingegneria Civile e Ambientale – Italia.
A tutt'oggi è la responsabile della Sezione "Progettazione Strutture" del Centro Studi "Progettazioni-Strutture & Geologia-Geotecnica" sito in San Vitaliano (NA) www.spizuoco.it

Angelo Spizuoco *nato a San Vitaliano il 12/01/1952, diplomatosi geometra al Masullo di Nola, si è* **laureato con lode in Ingegneria civile edile** *presso il Politecnico di Napoli. E'* **dottore di ricerca in "Ingegneria delle Costruzioni"***, si è* **perfezionato in "Politica Ambientale"** *ed ancora, con il massimo dei voti, si è* **perfezionato in "Gestione della fascia costiera e del sistema portuale.** *Ha effettuato numerosi interventi di risanamento di strutture, di protezione del suolo e di stabilità di versanti.* **Dirige il "Centro Studi progettazioni-strutture & geologia-geotecnica"** *di San Vitaliano (NA); Docente emerito di "Costruzioni" è altresì abilitato alla docenza di "Geologia e Mineralogia" nei Dipartimenti Degli Istituti Minerari. Ha tenuto presso il Dipartimento di Scienze della Terra (Facoltà Geologia Università Napoli) più di 40 seminari teorico-applicativi ed un corso integrativo di geologia applicata. E' stato, docente di difesa del suolo, geotecnica e pianificazione territoriale presso la Regione Molise. Ha tenuto presso l'I.T.G. di Marigliano il modulo di "geotecnica" per il corso "Restauro e Recupero dei Centri Storici" in collaborazione con l'Università "Federico II". Per gli allievi di Ingegneria Edile-Architettura nell'ambito di "Architettura Tecnica" ha tenuto un corso sui dissesti fondali e sulla progettazione delle fondazioni. Nella Facoltà di Geologia dell'Università di Parma ha fatto parte del Collegio dei Docenti del Corso di Formazione Avanzata "Ambiente Fisico Del Sottosuolo Delle Pianure". In occasione del sisma 80, effettuò innumerevoli interventi di risanamento strutturali su edifici dissestati ed eseguì rilievi sul campo per studiare il "fenomeno dell'amplificazione sismica locale" che fu presentato alla "Conferenza Scientifica annuale 1992 del Dipartimento di Scienze della Terra". Ha prodotto un consistente volume dal titolo "Lezioni sul c.a." edito dalla LER, una moltitudine di pubblicazioni e ulteriori 10 corposi volumi in materia di ingegneria civile e ambientale. Ha trattato il dissesto idrogeologico della provincia di Napoli e l'Alluvione di Sarno del maggio 1998. Ha fornito rilevanti apporti scientifici derivanti dalla sua intensa attività esplicata direttamente sui luoghi di sciagura e sintetizzati in diverse pubblicazioni. In occasione del sisma 2009 in Abruzzo ha fornito notevoli contributi scientifici presentando lavori al Workshop Internazionale presso l'Università di Chieti-Pescara e su periodici a tiratura nazionale. Si attivò anche per la catastrofe idrogeologica "Siciliana" per la quale alcune sue originali attività scientifiche sono contenute in diverse opere (vedi Sistema ambientale italiano nel contesto del bacino Mediterraneo). Ha effettuato perizie giudiziarie interdisciplinari di "statica-geologia-geotecnica" su opere infrastrutturali (gallerie e viadotti autostradali) tra cui quella relativa al noto crollo del Viadotto Italia.*
Per rendersi conto delle innumerevoli e svariate tematiche trattate dal professionista, è sufficiente digitare "Angelo Spizuoco" in un qualsiasi motore di ricerca sul Web oppure *www.spizuoco.it*

www.ingramcontent.com/pod-product-compliance
Lightning Source LLC
Chambersburg PA
CBHW071410180526
45170CB00001B/38